File3

ミ ラ

長い—— あまりにも長い尾は、なんと 10 光年！
いったいおまえは、それでも恒星なのか!?

第 3 章

NASA/JPL-Caltech

File4

りゅうこつ座イータ星

かつて天の川で最も明るく
輝いていたスターはいま、
不気味な星雲に身を包んで
一発逆転を狙う！

第 6 章

J. Morse (Arizona State U.), K. Davidson (U. Minnesota) et al., WFPC2, HST, NASA

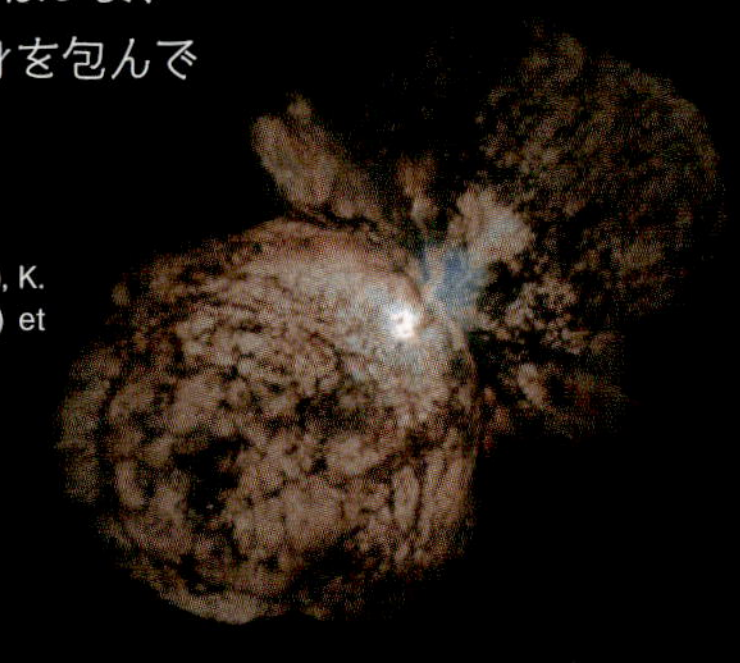

File5

WR 104

見かけはのんきでもじつは
恐怖の宇宙蚊取り線香！
ビームが直撃すれば地球の
生命は大量絶滅する！

第７章

Peter Tuthill (Univ. Sydney) and the W. M. Keck Observatory

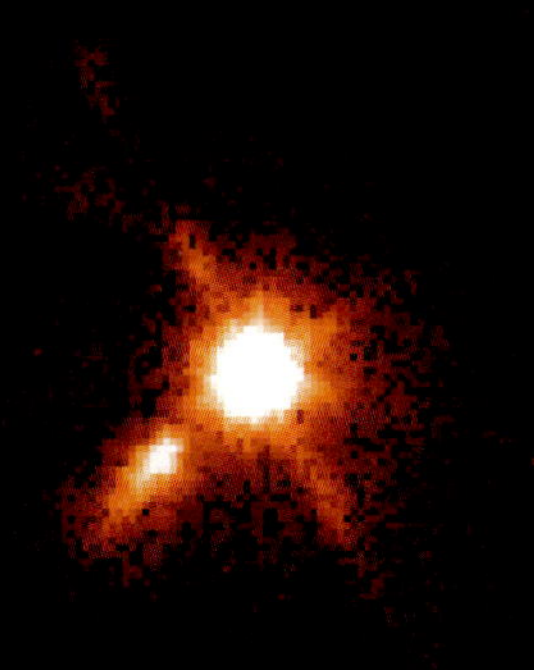

File6

かんむり座R星

墨を吐いて姿をくらます、
まるでタコなやつ。
しかも「若返りの術」まで
使っているらしい

第４章

NASA, ESA

File7
ぎょしゃ座イプシロン星

そこにあるのに見えない！
「幽霊星」の正体をついに
天体物理学がとらえた！
その歴史的勝利の瞬間

第10章　　NASA/JPL-Caltech

［HR 図（本書に登場する星、関連するタイプ、太陽質量星の進化経路も描いてある）］

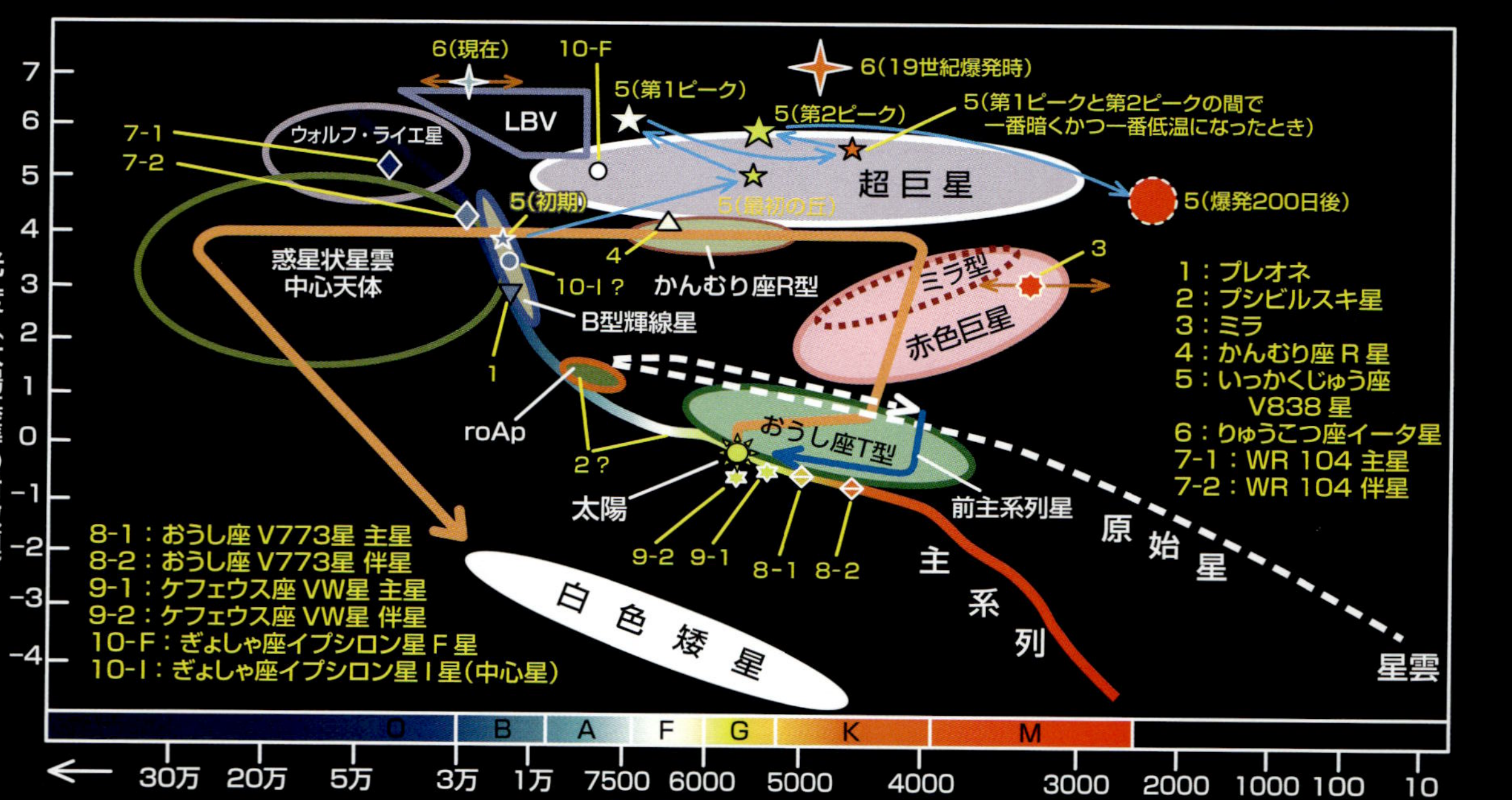

へんな星たち

天体物理学が挑んだ10の恒星

鳴沢真也　著

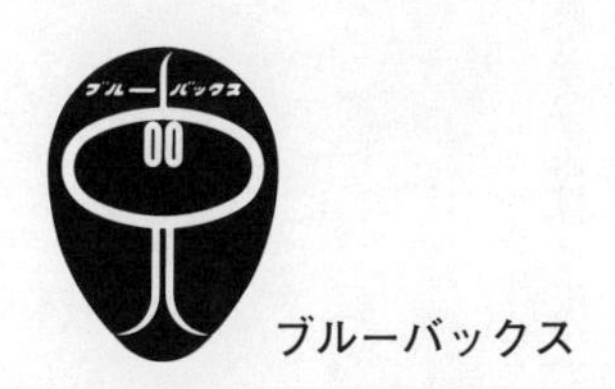

ブルーバックス

カバー装幀　芦澤泰偉・児崎雅淑
カバー写真　圓谷文明（兵庫県立大学西はりま天文台）
本文デザイン　齋藤ひさの（STUDIO　BEAT）
本文イラスト　浜畠かのう
編集協力　中村俊宏

はじめに

「キャー！」

標高435mの大撫山（おおなでさん）の山頂に、黄色い声が響きます。

「うしかい（牛飼い）座のアークトゥルスと、おとめ座のスピカ、日本ではこの二つは〝めおと星〟とよばれています」

と私がいったときに、若い女性客らが発したのです。

兵庫県立大学に所属する西はりま天文台は、兵庫県南西部の佐用町大撫山にあります。日本国内最大の2m光学・赤外線望遠鏡「なゆた」はここで、夜の9時までは一般の方に向けた天体観望会をしています。このように公開されている望遠鏡という条件をつければ、「なゆた」は世界最大のものです。

「なゆた」での天体観望のあとは、屋外に出ての星座解説です。いわば天然の星空でのプラネタリウム（業界用語では**天プラ**といっています）。これも、ここに20年以上勤めている私のお得意の時間です。今夜も吸い込まれそうなほどの、美しい夜空。

「めおと星に、しし座のデネボラを結んでできるのが、〝春の大三角〟。そしてここにある星は、りょうけん（猟犬）座のアルファ星、コル・カロリ。高カロリーじゃないよ」

今度は子供たちが爆笑です。

「春の大三角にコル・カロリをつけると、大きな菱形ができますね。これが〝春のダイヤモンド〟、あるいは〝乙女のダイヤ〟といいます」

「素敵すぎ～！」

またまた若い女性の歓声。星空をつうじてお客様と心が通い、私も天文台に勤めてよかったなと感じる頃には、観望会が終わる時間となってしまいます。

「またお越しください」

お客様を見送ったあと、しかし、なにか私の心にさみしさも残ります。

星と星を線で結んで、それがなんとよばれているのか、あるいは白鳥の形に見えるとか、勇者オリオンに見えるとか、そういったことを解説すれば、喜んでくれるお客様もたしかにいらっしゃるのですが、しかし、それは星そのものの本質ではないのです。

星にはそれぞれ表情豊かな個性があります。でも、たかだか10分程度の天プラでは、一つ一つのおもしろみを伝えることはできません。そこで、本書の執筆となりました。

＊　＊　＊

本書の主役は、恒星です。恒星とはなんでしょうか？　この宇宙に存在する天体は、おおざっぱにいうと**恒星**と**惑星**に2分できます。恒星とは、自分自身から光を出している天体です。夜、電灯をつけたら部屋の中にボールがあることがわかったとしましょう。このとき、電灯が恒星、ボールが惑星というわけです。みなさんが一番よく知っている恒星は太陽です。では、なぜ恒星は光を出すのでしょうか？　それはこの本のなかで解説しています。

　恒星は宇宙に均一に分布しているわけではなく、あちこちで群れをなしています。この群れが**銀河**です。代表的なもので直径10万光年（１光年は約10兆キロメートル）というスケールです。私たちの太陽系が存在している銀河は「**天の川銀河（銀河系）**」といいます。

　一つの銀河には、１０００億の桁の恒星があると考えられています。その銀河が、この宇宙にはこれまた１０００億の桁あるといわれています。したがって宇宙に存在する恒星の数は、桁でいえば１０００億個×１０００億個ということになります。１のあとに0が22個つくのです。講演会でこういう話をすると、たいていの聴講者はここで笑い出します。もう、呆れてしまって、笑うしかないのです。いったいぜんたい、これはどれほどの数なのでしょう？

　たとえば、日本中のすべての海岸にある砂粒の数を思い浮かべてください。もちろん鳥取砂丘も入れてくださいよ。でもじつは、まだ足りません。今度は世界中のすべての海岸の砂粒を想像してみてください。想像できましたか？　いま、あなたが「だいたいこれくらいかな」とイメージできているとしたら、ちょっと変わった人かもしれません。だって、世界中の海岸の砂の数ですよ？「そんなの想像つくわけないだろ」と思うほうが普通でしょう。ところがじつはじつは、1000億×1000億という恒星の数は、世界中の海岸に存在する砂粒の総数よりも、まだ多いのです。星は文字通り「星の数」ほどあるのです。

さて、今度は夜空を見上げたときの話です。みなさんはいくつ星座を知っていますか？　恒星とは、星座をかたどる星でもあります。何年たっても、恒星と恒星の位置関係は変わりません。だから「恒なる星」とかいて恒星というのです。お互いの位置が変わらないので、星座ができたわけです。一方で、何日も何ヵ月もかけて観察していると、恒星の間を移動している天体に気がつきます。こちらが太陽系内の惑星です。星座の中を「惑う星」なので惑星というわけです。

恒星と惑星には見分け方があります。あなたにウィンクしてきたら恒星、あなたをじっと見つめていたら惑星です。恒星は瞬き、惑星は瞬かないのです。今度、それを意識して観察してみてください。

ブルーバックス・シリーズを手にされるような方は「宇宙」といえば、ダークマター、ブラックホール、ビッグバン、マルチバースといった、いかにも最先端をいくような話題を好まれるのかもしれません。恒星というと、夜空のどの星を見ても、明るさに違いはあってもどれも点。配列が変わるわけでもなく、どうにも地味――そんな感じを持たれているかもしれません。

「恒星なんてつまらない」

でも、そう思われている方にこそ、本書を読んでいただきたいのです。

この本は恒星の中でも、とくに変わったものたちに登場してもらいます。ＳＦ映画にも出てこない二つの円盤を持ち、しかも一つが反り返ってしまった星！　大気の組成がかなり異常⁉　地球外知的生命のしわざか⁉　といわれた星！　なんとなんと恒星のくせに10光年もの長いしっぽを生やした星！　おまえは彗星か⁉　墨を吐き出して姿をくらます、まるでタコな星！　どんどん膨らんで一時は天王星（いや、ひょっとすると海王星）の軌道ほどにも大きくなったバケモノ星！　爆発したら人類が絶滅するかもしれない星？　などなど、奇想天外な恒星たちのオンパレード。おおげさにいえば、星の数ほどある恒星のなかから私が厳選した、10個の超・超変わり者の星たちです。

地球から見ればただの点にすぎない恒星には、じつはこんなに個性があって、こんなにおもしろいんだ――そう思っていただければ、何よりの幸いです。

「みんなちがって、みんないい」

まさに、金子みすゞの詩にあるとおりなのです。

さらに本書では、これらの星たちがいったいなぜこんなに変なのか、その謎も解き明かしています。なかには、謎解きの過程がまるで科学推理小説のようにおもしろい星もあります。はるか遠くの星のさまざまなことがわかるようになってきたのは、天体物理学という学問の進歩のおかげです。この本を一読されると、みなさんも天体物理学の基礎に触れられるように工夫したつもりです。宇宙論や惑星科学の解説書はたくさんありますが、ぜひ恒星の物理も身近に感じていただき、そのおもしろさを味わってください。

なお、本書ではとくに断りがない場合は「星」といえば恒星のことを指します。

自然界には必ず例外というものがありますが、話をわかりやすく展開するため、あえて例外については触れていないところもあります。同じ理由から、細部をはしょったところもままあります。もし、天文学にとてもくわしい読者なら、厳密ではないと思われるところがあるかもしれませんが、そこは目をつぶってくださいね。また、星の発見者や研究者などには外国人の名前が多く出てきます。それを日本語で表記するのは難しいのですが、編集者が読み方をきちんと調べてくれました。でも、もしも違っていたら、それはご愛嬌ということにしてください。

それでは、へんてこな星をめぐる宇宙旅行に出発しましょう!

へんな星たち　もくじ

はじめに　11

第1章 プレオネ　イナバウアーする二重円盤　21

「すばる大学」の星のひとつ、プレオネ　22／天体観測ではスペクトルが重要　24／スペクトルに輝線が見えたら何がある？　26／スペクトル型は表面温度に対応　29／プレオネはガス円盤をまとう「Be星」　31／「ガリバー円盤」に挑んだ日本人　34／「イナバウアー」するガス円盤！　37／円盤を傾けるのはお伴の星だった！　39／もう一つ円盤ができた！　ならば二重・傾斜円盤だ！　40／なぜ円盤の形状がわかるのか？　43／二重・傾斜円盤の大きさを算出する　45／ガス円盤をつくるのは「第3の星」か？　47

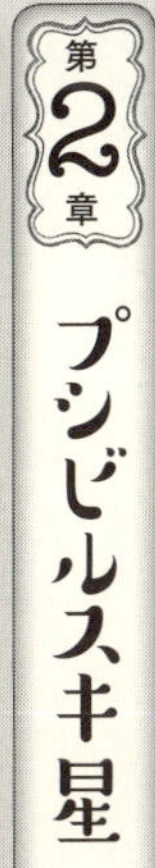

第2章 プシビルスキ星　宇宙人が核廃棄物を捨てたのか？　49

星が何でできているかはわからないのか　50／「星の異端児」特異星とは何か　51／レアな元素が異常に多い星　53／宇宙人の「核のゴミ捨て場」なのか？　56／星の内部でのエネルギー輸送法　59／星の原子に働く「三つの力」　62／大気が静かな星で起こる「元素の浮き沈み」　63／プシビルスキ星は科学者を二度驚かせた　66

第3章 ミラ　サプライズだらけの彗星もどき　69

化け物クジラの喉あたりの星　70／明るさを変える星があるとは「驚いた」　72／3等から9等ほどまで変わる明るさ　74／スペクトルと並ぶ星の分類法「光度階級」　76／星を知るうえで最も重要なHR図　77／膨らんだり縮んだりして明るさを変えている！　80／ミラが噴き出す激しい風　82／主星から伴星へのガスが撮影された！　84／「なんて素敵なしっぽなんだ！」　87／頭部には「弓」や螺旋も見える　89／あなたもミラが見られる！　90

第4章 かんむり座R星　初心者におすすめの宇宙ダコ　91

双眼鏡でも観測できる！　92／ヘリウムと炭素が異常に多い星　95／暗くなるのはこういう理由だった！　97／おみごと！　ダスト雲の撮影に成功　98／星の生涯についての大事な話　101／星の一生で内部の反応はこう変わる　104／死にかけていた星が急に若返った？　108／二つの白色矮星が合体した？　110

第5章 いっかくじゅう座V838星　すべてが規格外の美しき怪物　113

特異な新星？　新星ですらない？　114／「新星」は白色矮星の表面で起きる爆発　116／奇妙な光度曲線とスペクトル　118／一時は悪魔的巨大さに　121／諸説入り乱れる「爆発の理由」　123／連星系の二つの星が衝突・合体した？　125／論争に決着はつかず　127／ライトエコーとはなにか　129／ライトエコーが広がる速度は光速を超える？　130

第6章 りゅうこつ座イータ星 「天の川No.1」を誇ったあの星はいま 135
かつての明るさは太陽の2500万倍！ 136／星の光度にも限界がある 140／イータ星から噴き出す風がすさまじすぎる 141／19世紀の異常増光は「ニセモノ超新星」だった 144／質量が大きな星は最期に大爆発を起こす 145／寿命1000万年の星が0・1秒で崩壊！ 147／「ニセモノ超新星爆発」のしくみ 150／イータ星を囲む奇妙な形の星雲 151／いつかホントに超新星爆発を起こすのか 152

第7章 WR104 本当は危険な宇宙の蚊取り線香 155
宇宙にも渦潮があった！ 156／重くて明るくて熱く、暴風を噴き出すのがWR星 158／WR星の三つのタイプ 160／グルグル渦巻きのわけは連星系にあり 161／WR星は大質量星の内部がむき出しになったもの 163／WR星のタイプと超新星爆発のタイプの関連 166／ガンマ線バーストとWR星 167／WR104は地球を向いている！ 169／地球生命が大量絶滅する可能性は 170

第8章 おうし座V773星 世界が追いかけた恋人たちの熱いキス 173
黒点は太陽表面に現れた「磁石」 174／磁力線からフレアが発生するしくみ 176／「思春期の星」の内部は激しく活動している 179／V773は雄牛の後ろ首にあるオレンジ色の11等星 180／全米同時観測の腑に落ちない結果 182

／V773星は連星系だった　185／近星点で起きた強烈な電波フレア　187／全日本チームの第1次全国同時観測　189／リベンジなるか？　第2次全国同時観測　191／電波フレアは恋人たちの「再会のキス」だった！　193

第9章　ケフェウス座VW星　ひょうたん星は究極の愛のかたち　197

恋人どうしがくっついた近接連星系　198／食連星で星の物理量がわかる　200／愛が進化すると恋人たちはどうなるのか　201／過剰接触連星系の登場　203／過剰接触連星系は最期にどうなる？　205／ケフェウス座VW星の発見　206／光度曲線の謎の非対称性　208／オコンネル効果に挑む国際キャンペーン観測　210／ひょっこりひょうたん星にも巨大黒点が出る？　212／多波長での同時観測　214／黒点だらけの表面に、もう一度びっくり！　215

第10章　ぎょしゃ座イプシロン星　世界中で大激論！　幽霊の正体を明かせ！　221

なぜヤギを抱えている？　222／報われなかった牧師の発見　224／日の目を見た過去の観察記録　225／怪奇！　イプシロン・ミステリー　227／超巨大な赤外線星か　231／ダストのリングが食を起こす？　234／中心に高温の星？　ダストの円盤？　237／修正説、改良説、ブラックホール説まで　240／　人工衛星も観測した食1982〜1984年　244／インターネット時代の食2009〜2011年　245／快挙！　円盤の姿を直接撮像！　247／これがイプシロン星の姿だ！　250／ミステリーはまだ終わらない　252

●あとがき　254

●さくいん　262

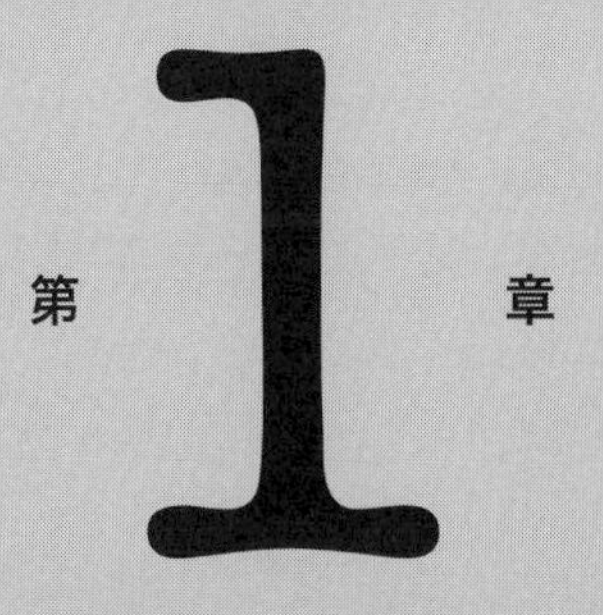

第1章 プレオネ

イナバウアーする二重円盤

まずはカラーページのFile 1を、とくとご覧ください。いったいこれ、どうなってるのかおわかりですか？　真ん中の星を取り巻く、二重の赤い円盤。その外側のほうが、ぐぐぐーっと体を傾けて、なんと反り返ってしまったのです。まるで、あの荒川静香選手の得意技「イナバウアー」のようではありませんか！　宇宙旅行していてこんなのに出くわしたら、驚くでしょうね……。

●◆「すばる大学」の星のひとつ、プレオネ

「星は　すばる」——かの清少納言が一番お気に入りだった天体、**すばる**は、冬の夜空に見えます。冬の代表的な星座としてみなさんもご存じの、オリオン座のすぐ西隣、おうし座の一部にすばるは位置しています（図1-1）。星座を牛に見立てれば、肩ロースのあたりです。地球からの距離は400光年ほどです。

といってもじつは、すばるというのは一つの星ではないのです。

成人式をすませたばかりの星が集団をなしている天体を**散開星団**といいます。いわば宇宙の大学ですが、すばるも散開星団の一つなので「すばる大学」といったところなのです。天文学界では**プレアデス星団**、またはM45ともいいます。年齢は生後数千万〜1億歳。それでも星としては大学生なのですから、人間の生涯なんて星の一生に比べればないようなものです。

すばるには千を超える星が群がっていて、肉眼でも明るいものならいくつか見ることができます。普通の視力では6個か7個くらい、視力のよい方なら10個ほど数えられます。25個までは数えた人がいるようです。みなさんも、よく晴れた冬の夜にチャレンジしてみてください。

さて、このすばるで7番目に明るい星が、この章の主役**プレオネ**です（図1-2）。その名前はギリシャ神話に登場するプレイアデスとよばれる7人姉妹のお母さん、プレーイオネーからつ

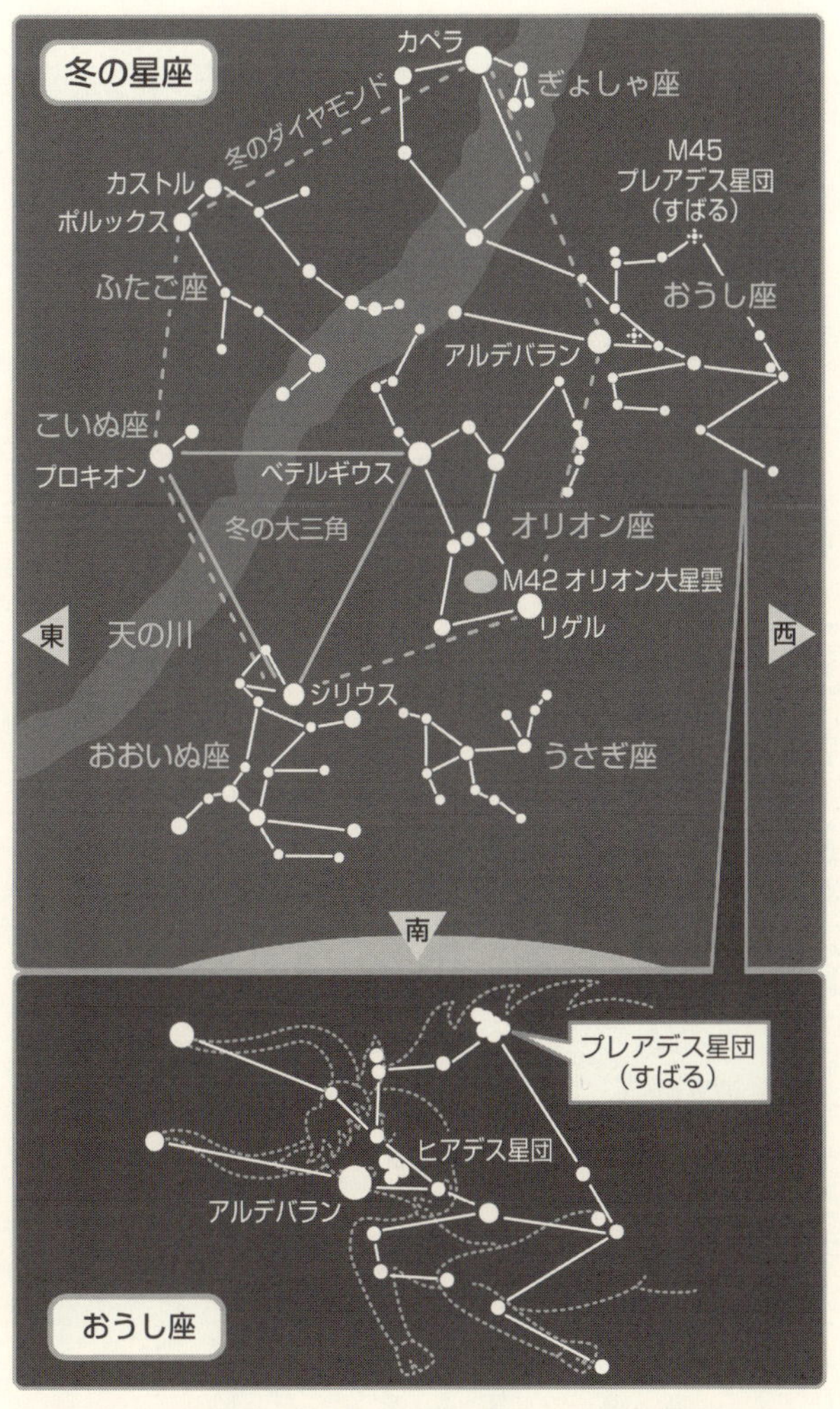

図1－1　冬の星座（上）と、おうし座の中のすばるの位置（下）

図1－2　すばるの中のプレオネの位置（提供／西はりま天文台）

いたそうです。

◉◆天体観測ではスペクトルが重要

プレオネの奇想天外な姿の謎解きをする前に、ここで、みなさんにはいくつかの予備知識を持っていただかなくてはなりません。なるべく手短にすませますから、おつきあいくださいね。

天体観測の基本は、天体から到来する**電磁波**を観測することです。最近ではニュートリノや重力波も検出されていますが、やっぱりいまでも、一番の基本は電磁波（図1－3）です。

電磁波とは、ごく簡単にいいますと、電気と磁石の性質を持っている「波」で、物質ではなくエネルギーの一種です。ただし、電磁波は波であるとともに「粒子」でもあります。二面性があるわけです。ここが日常生活からはややイメージしにくいところで、粒子と

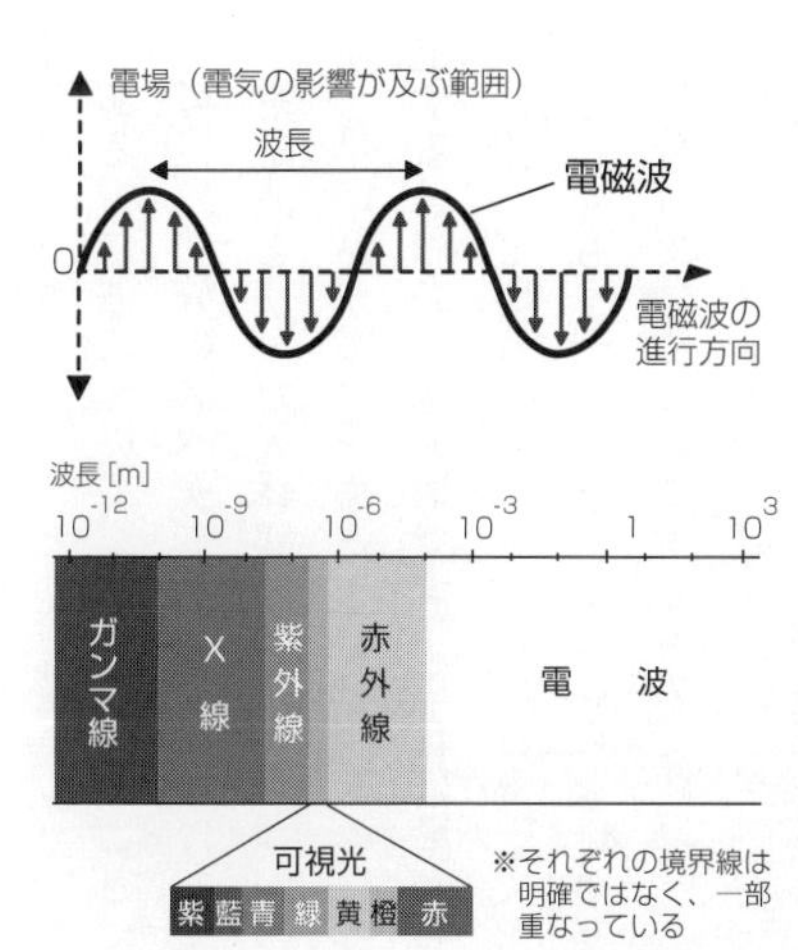

電場（と磁場）が変化すると、その変化を伝える波が生まれる。
これが電磁波であり、電気と磁気の性質を持ち、光速で伝わっていく。
なお、図には描いていないが磁場は電場と垂直方向に振動する。

電磁波は波長ごとにさまざまな名前で呼ばれる。
波長が短い電磁波ほど、高いエネルギーを持つ。
人間の目に見える電磁波の波長はごく一部であり、可視光という。

図1－3　電磁波とは

してみたときは、電磁波は「光子」とよばれ、一つ二つと数えることができます。

波の山から山までの長さを**波長**といいます。電磁波は波長の長さによっていくつかの種類に分かれます。波長が短いほうからガンマ線、X線、紫外線、可視光（私たちが見ることのできる電磁波で、たんに「光」ともいいます）、赤外線、電波とよばれています。波長が短い波ほど、高いエネルギーを持っています。

さらに同じ可視光でも、波長によって違いがあります。波長が短いとか、長いとかは目で見てもわかりませんが、私たちはそれを「色」として、脳が識別しています。たとえば日本人は虹を「赤、橙、黄、緑、青、藍、紫」と七色で表現していますが、これは光が波長の順番に分かれているもので、赤は波長が長い光、紫は波長が短い光です。

ある電磁波について、波長の長さごとに並べたものを「スペクトル」といいます。虹は太陽光の可視光部分のスペクトルというわけです。

電磁波を使った天体観測は、いくつかの方法に分かれます。まずわかりやすいのは「撮像」です。早い話が写真を撮ることで、そこに写ったものが何かを分析するわけです。星の明るさを測定する「測光」も大切です。これは星から届く光子の数を数えること、ともいえます。また「偏光観測」というのもあり、これはあとで解説します。

そしてもう一つ、忘れてはならない重要な方法が「**分光観測**」です。これは星の光をスペクトルに分けて詳細に調査するものです。

星のスペクトルは一見すると、連続的に色が変わっています。これは**連続スペクトル**といって、虹もそのひとつです。白熱電灯のように、固体が熱せられたときに発する光は連続スペクトルになります。星は高温のガスのかたまりなのですが、ガスが大量にあるので不透明になり、固体が熱せられて光が出てくるのと同じようになるので、そのスペクトルは連続スペクトルとなります。

◆スペクトルに輝線が見えたら何がある?

ところがよく観察してみると、連続スペクトルの中には無数の黒い線が存在していることがわ

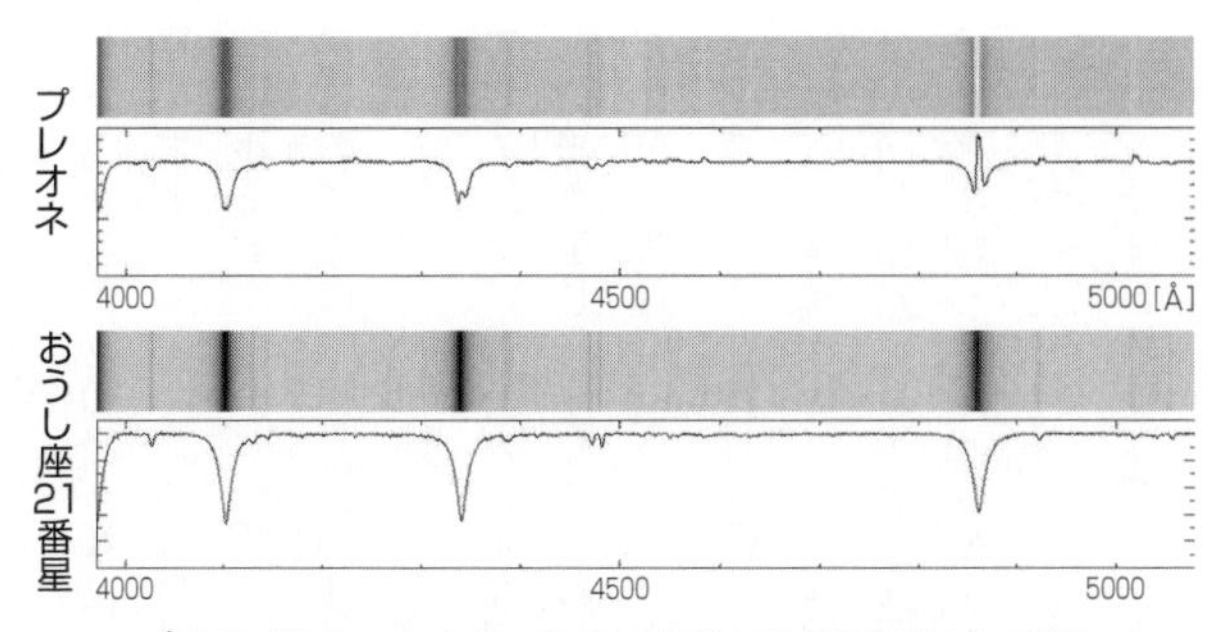

※Å（オングストローム）は可視光などの波長を表す際に使われる単位
（1Å＝10^{-10}m＝0.1nm）

図1－4　星のスペクトルにおける吸収線と輝線。それぞれの下は強度グラフ
（国立天文台岡山天体物理観測所、大阪教育大学宇宙科学研究室）

かります。これを**吸収線**といいます（図1－4）。

星は不透明なガスのかたまりといいましたが、外側ほど透明度が増していきます。つまり外層は見た目がスカスカなガスで包まれていて、ここを**大気**といっています。星の光の源は中心部にあるわけですが、星の光は内部から外へ向かって移動していきます。星の一番外側に到達した光は、そこから宇宙空間へと出ていくわけですが、大気を通過するときに、一部がそこにある原子に吸収されます。スペクトル上では、その波長に相当する光量が減ってしまうので、そこだけ強度が下がり、見かけ上は黒い線のようになります。こうして吸収線ができます。

吸収される光の波長は、原子の種類で異なっています。たとえば、天文学上で最も基本になる原子である水素は、656・28nm、486・13nm、434・05nm、410・17nmの波長を吸収するので、そこに吸収線ができ、それぞれ**Hアルファ**、**Hベータ**、**Hガンマ**、**Hデルタ**とよばれています（ただし水素の吸収線はほかにもあります）。ほかの種類の原子は、また違った波長の光を吸収します。マグネシウムの原子なら、448・1nm、517・3nm、518・4nmなどに吸収線があります。

このようにして、星の連続スペクトル中にはたくさんの吸収線が見られるのですが、特殊なケースとして、吸収線と同じ波長の場所が輝いている場合があります。このような線は、その名も**輝線**（きせん）といい、輝線が出る星は**輝線星**とよばれます。

輝線が生じる原因はいろいろあるのですが、ポイントは、星の周囲を取り巻く、希薄で高温のガスが存在していることです。すると、そのガス中の原子から特定の波長の光が放射されて、輝線となります。身近な例では（ややメカニズムは違いますが）蛍光灯は、水銀がいくつかの特定の波長の輝線を発しています（色が混ざるので見た目には白色ですが）。そして吸収線と輝線は、同じ種類の原子では波長が一致しています。つまり水素なら、吸収線と同じ656・28nm、486・13nm、434・05nm、410・17nmなどに輝線が出てくるわけです。

ともかく、星のスペクトルに輝線が見えたら「星を取り囲む高温のガスが存在する」ということを、まずは理解してください。

スペクトル種	色	表面温度(K)（主系列の値）	スペクトルの特徴
O	濃い青	30,000以上	電離ヘリウム、高電離の酸素、窒素、炭素等の吸収線がある
B	青	9,500〜30,000	水素吸収線が強まり、中性ヘリウム線はこの型で最強
A	青〜白	7,200〜9,500	水素吸収線が最強、電離金属の吸収線も次第に強くなる
F	白〜黄	6,000〜7,200	水素吸収線はやや弱まり、カルシウムのH線、K線および金属の吸収線が次第に強くなる
G	黄	5,300〜6,000	H線、K線が強く、水素吸収線は目立たず、G帯（分子スペクトルを持つ帯）が強まる
K	橙	3,900〜5,300	H線、K線は強く幅広く、さまざまな金属の吸収線が重なり合う。連続スペクトルは短波長部で弱くなる
M	赤	3,900以下	酸化チタンの吸収線が強い

『理科年表 平成28年』（丸善）および『ロングマン物理学辞典』（朝倉書店）等を参考に作成。

表1－1　スペクトル型の分類

●◎◆スペクトル型は表面温度に対応

ところで、人にも四つの血液型がありますが、星もいくつかのタイプに分けられます。星の場合は、スペクトルの特徴で分類します。

1890年にハーバード大学で、どの元素は吸収線にどんな特徴を示すか、をもとにスペクトル分類がおこなわれ、まずはA、B、C、……とアルファベット順に、16タイプに分類されました。その後、同じくハーバード大学天文台の**エドワード・ピッカリング**とその助手たちの研究で、分類のしかたに間違いが見つかったり、順番が入れ替えられたり、などの紆余曲折（うよきょくせつ）があった末に、**O**、**B**、**A**、**F**、**G**、**K**、**M**という七つの基本タイプに分けられました（表1－1）。

さて、ほぼこの並び方が確定した20世紀の初めに、この順番は、表面温度が高いほうから低いほうに並んだものであることが判明しました。F型あたりを境に、O〜Aの高温側は**早期型**、G〜Mの低温側は**晩期型**という言い方もあります。かつては表面温度が高い星は若くて、年をとるほど低温になると考えられていたからで、いまでもその名残をとどめています（現在、解明されている星の一生と温度変化については第4章で解説します）。ちなみに太陽はG型です。

また、それぞれの型はさらに、サブクラスに細分化されています。表面温度が高いほうから、0、1、2、3、……、9と分けられていて（O型は3から始まります）、たとえばA2とかG8のように表記します。サブクラスがはっきりしていない場合や、そこまで厳密に議論しなくてもいいようなときは、高温のものを早期、低温のものを晩期ということもあります（早期A型とか、晩期G型のように）。

ともかく、星の分類の基本は、O、B、A、F、G、K、Mの七つです。そしてこの順番は、表面温度の順番にもなっていることを覚えておいてください。

なお、表面温度は星の色にも対応しています。表面が高温の星ほど青く、温度が低くなるにつれて白く、次には黄色くなり、さらに低温になると赤くなります。赤いほど熱いように思われるかもしれませんが、その逆なのです。このことも覚えておいてください。

◉◆プレオネはガス円盤をまとう「Be星」

では、ながらくお待たせしました。いよいよこの章の主役、プレオネの登場です！　まずは、そのプロフィールをご紹介しましょう。

さきほども述べたようにプレオネは、地球から400光年離れた散開星団すばるの中で7番目に明るい星です。質量は太陽の4倍（これを「4太陽質量」と記します）で、半径は3～4倍（3～4太陽半径と記します）といったところです。表面温度は約1万2000度（太陽の表面温度は約6000度）。スペクトル分類ではB型に属する、青い星です。

プレオネのスペクトルは、水素などの吸収線と同じ波長の場所が、輝線となります。このようにスペクトルが輝線を持つ星はとくに、スペクトル型に添え字の「e」をつけて分類します。輝線は英語で「emission line」なので「e」をつけるのです。プレオネの場合はB型ですから、「Be星」と分類される星の仲間になります。なお、特定のスペクトル線だけに輝線が見られるBe星が、ふつうのB型星よりとくに明るく見えるというわけではありません。

B型星の約20％がBe星です。おとなりのA型星の場合、輝線星は1％ほどしかないので、B型の場合は輝線星になりやすいことがわかります。ちなみに同じ「すばる」にあって、プレオネより明るい三つの星もBe星です。

最も有名なBe星は、秋の星座カシオペヤ（みなさんもご存じの「M」の形をした星座です）の中央にある青い星、ガンマ星です。じつは、この星の周囲には「円盤」が形成されていると、長いあいだ考えられていました。そして現在では、実際にその円盤が光学干渉計という特殊な技術（とくにCHARAが有名です。詳細は第10章）で撮影されています（図1－5）。

図1－5　CHARAによる画像。左がカシオペヤ座ガンマ星、右がおうし座ゼータ星
（Gies et al. 2007 ApJ 654, 527）

Be星はこのように、円盤を持っていることが大きな特徴なのです。最近では、さそり座デルタ星も注目されているBe星です。この星は2等星なのですが（星の等級は第3章で解説します）、2000年に突然明るくなり、アンタレスに続いて、さそり座で二つ目の1等星になるのでは、と騒がれました。それまでは普通のB型星だったのに、このときガス円盤が形成されたことでBe星になったのです。なぜ明るくなったのかはいまも議論中の問題です。私も晴れた夜は毎晩、楽しみに観察しました。1等星になるぎりぎりの線まで明るくなったかと思うと、また暗くなったりしてやきもきしましたが、結局、いまのところは1等星にはならずじまいです。しかし、今後も注目していきたい星です。

ところで星を取り巻く円盤というと、みなさんは土星のリングを想像するかもしれませんが、Be星の円盤は、物理的にまったく異なるものです。土星のリングは大小の氷のかけらでできていますが、Be星の円盤は高温のガス（主に水素ガス）です。土星のリングは太陽の光を反射して輝いていますが、Be星の円盤は輝線で光っています。つまりガス自身が発光しているのです。スケールもまったく違います。土星の直径は地球の9倍程度で、そのまわりをリングが取り巻いているのに対して、Be星の直径は太陽の数倍もあり（太陽の直径は地球の109倍です）、その周囲にガスの円盤ができるのです。

では、Be星のガス円盤はどのようにして形成されるのでしょうか？

B型の星の特徴に、自転周期が短い、つまり自転速度が速いことがあげられます。G型星の太陽の自転周期は約1ヵ月であるのに対して、たとえば春の代表的な1等星でありB型星の**レグルス**は、自転周期が16時間、半日ちょっとで1自転です。赤道部の自転速度を計算すると、太陽は秒速約2㎞ですが、レグルスはなんと、秒速300㎞を超えます。カシオペヤ座ガンマ星もやはり秒速300㎞を超え、さそり座デルタ星が秒速180㎞ほどです。

こうした高速自転をする星は、遠心力で形がラグビーボール状になります。青いラグビーボールです（図1－6）。こういった星に何らかの刺激が加えられると、赤道部からガスが放出されて、それが星をめぐる円盤になると考えられているのです。では、その刺激とは何でしょうか？

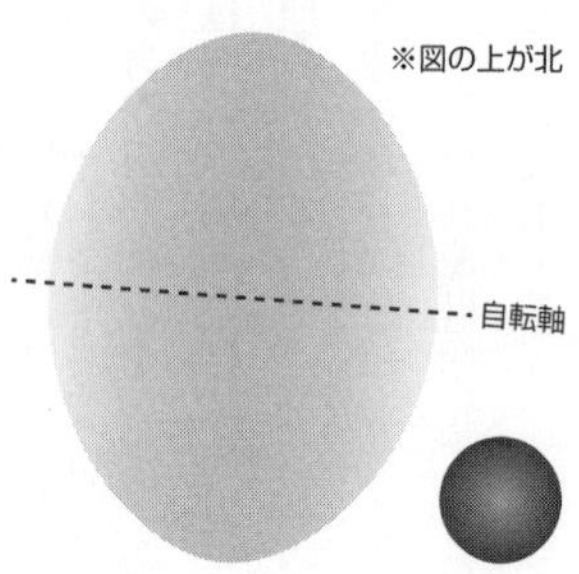

※図の上が北
自転軸

図1-6　ラグビーボール状のレグルス
右下は太陽。CHARA画像にもとづくイメージ（http://www.starobserver.eu/multiplestars/alphaleonis.html）

そこは侃々諤々（かんかんがくがく）、さまざまな議論がなされていますが、いまは深入りしないでおきます。

プレオネもまた、Be星であり、周囲にはガス円盤を持っています。ところがこの星にかぎっては、ただのBe星ではなかったのです。

●◎◆「ガリバー円盤」に挑んだ日本人

過去の記録によると、プレオネのガス円盤は1938年に形成されたと考えられています。しかしその後、この円盤は消滅して、続いて1971年の秋ごろに、新しい円盤が誕生しました。カナダのトロント大学の**オースチン・F・ガリバー**に報告されたので、この円盤を「ガリバー円盤」とよぶことにしましょう。

このガリバー円盤を1988年から、特殊な方法を使って観測しつづけた日本人がいました。当時、京都大学におられた**平田龍幸**さんです（図1-7：のちに京都大学宇宙物理学教室助教授）。平田さんは埼玉県の**国立天文台堂平観測所**（現在は、ときがわ町運営の公開天文台）と、同じく国立天文台に所属する**岡山天体物理観測所**（以下、岡山観測所）の望遠鏡で、プレオネの観測をおこないました。どちらも望遠鏡の口径は91㎝です。平田さんらの観測は、ガリバー円盤の「傾き」を調査したという点で、きわめて大きな価値があるものでした。

図1－7　円盤の傾きを実演する平田龍幸さん

じつはプレオネには、専門家を悩ます大いなる謎がありました。Be星にも、地球に赤道のある面を向けている星、極のほうを向けている星などさまざまあり、したがって周囲の円盤も、真横から見えるもの、上から見下ろしたように見えるもの、斜めに見えるものなどがあります（図1－5）。円盤が地球にどのように向いているかは、輝線の特徴からわかります。

ところが、プレオネはこの特徴が、変化してしまうのです。真横から見えていたはずなのに、しだいに、斜めから見ているようなスペクトルに変化していくのです。円盤は星の赤道面に平行に存在しているはずです。星の向きが変わっていないのに、円盤の向きだけが勝手に変わるはずがありません。ところがプレオネでは、まるでそんなことが起きているかのように、スペクトルが変化してしまうのです。さあ困りました。これをどう解釈したらいいのでしょうか？

この原因がなかなか説明できなくて、当時、世界中のプレオネ研究者は頭を抱え込んでいたのです。平田さんも、その一人でした。

考えた末に、平田さんはある突拍子もないことを思いつきます。それは、円盤は実際に動いている、というとんでもないアイディアです。

ガス円盤は赤道面に平行で動かない、という常識、固定観念に問題があるのでは？　と平田さんはひらめいたのです。もしかしたら、本当に円盤が動いているのでは？　つまり、円盤と赤道面とがなす角度が変化しているのではないかと予測し、観測を始めたのです。

平田さんの観測がどのようなものだったのか、簡単に説明しましょう。

冒頭で説明したように電磁波とは、電気と磁石の性質を持った波です。波が振動する方向は、波の進行方向に垂直です。これを「横波」といいます。太陽から放射されてくる光は、さまざまな方向を持つ振動面がランダムに混ざっています。

ところが特殊な場合として、振動面がある方向に偏った光を多く放つ（**偏光しているといいます**）天体があります（図1-8）。

プレオネの円盤から発せられる光も、偏光しています。中心のB型星から出た光は、円盤のガ

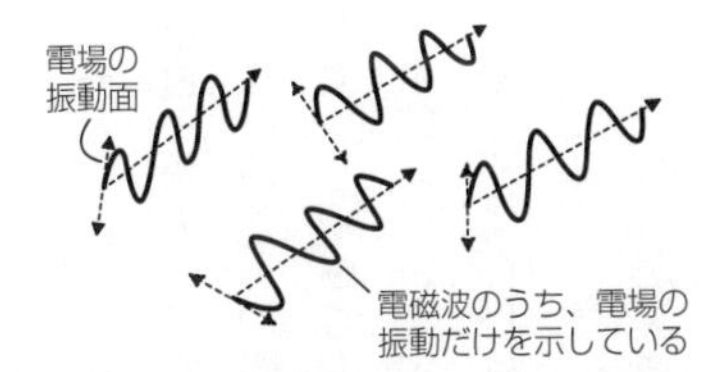

太陽や一般的な星から放射されてくる光（電磁波）は、振動面がさまざまな方向を持つものがランダムに混ざっている

振動面がある方向に偏った光を多く放つ（偏光しているという）天体がある

図1－8　偏光とは

スの中にある電子によって散乱されます。このように電子により散乱された光が地球で観測されるときは、偏光しているのです。

ここで、もし円盤が傾いたとすると、地球で観測される光の振動面の方向は変化します。逆にいえば、光の振動面が変化すれば、円盤が傾いたとわかるのです。

平田さんはガリバー円盤の偏光を、1988年から2003年まで観測しつづけました。これは平田さんにとって、かなり忍耐がいる観測だったそうです。プレオネの観測をここまで継続した人は、世界中を探しても平田さんだけです。さらに、ほかの研究者が報告した1974年からの資料も使って、ほぼ30年間にわたるガリバー円盤の偏光データを解析したのです。

◎◆「イナバウアー」するガス円盤！

平田さんがガリバー円盤の「傾き」に傾けた情熱に敬意を払いながら、その解析によって導かれた結論を記します。

プレオネの円盤の傾きは、時間とともに変化していました。円盤が形成された当初は、星の赤道面と平行だったと考えられるのですが、その後、しだいに傾いていき、ついに赤道面に対して垂直となり、さらには反り返っていったのです。驚くべき現象です。まさに、固定観念を打ち破った平田さんの勝利でした。もしかしたら円盤は動くのではないか？　とひらめいた当時をふりかえって平田さんは、「私にとってのコペルニクス的転回だったよ」とおっしゃっています。

正確にいいますと、プレオネの円盤は**歳差運動**というものをしているのです。歳差運動の一番わかりやすい例は、勢いを失ったコマです。コマは勢いよく回転を始めたときは、自転軸が床に対して垂直ですよね。ところが、回転のスピードが落ちてくると、自転軸がグルグル回りはじめます。あれが歳差運動です。

プレオネではガリバー円盤が81年周期の歳差運動をしていることがわかりました。一つの円盤の寿命は35年程度と考えられていますので、歳差運動しながら一周する前に円盤は消滅します。

平田さんがこのプレオネの円盤の話を私にしてくれたのが、２００６年の冬。ちょうどトリノオリンピックが開催されていて、荒川静香さんがフィギュアスケートで日本人初の金メダルを獲得したときでした。あの優雅なイナバウアーを覚えている読者も多いことと思います（荒川さんのあの技は、正確にはレイバック・イナバウアーというのだそうです）。

平田さんは、私にこういいました。

「プレオネの円盤はイナバウアーしとるんじゃ」

おもしろい表現ですね。

◎◆円盤を傾けるのはお伴の星だった！

では、なぜプレオネのガス円盤は、歳差運動を起こすのでしょうか？

ここで登場するのが、堺市教育センターに勤めていた片平順一さんです（図1-9）。片平さんらは、岡山観測所の188cm望遠鏡などでプレオネの分光観測を継続していました。片平さんの大きな研究成果は1996年、プレオネが連星系であることを発見したことです。二つの星が、お互いの**共通重心**のまわりを周回しあっている星を**連星系**といいます（図1-10）。本書ではこのあといくつも連星系が登場しますが、ここでは最低限、明るいほうの星を**主星**、暗いほうの星を**伴星**とよぶことを知ってください。


プレオネの場合は、これまで話題にしてきたBe星が主星であり、0・4太陽質量を持つ伴星が、そのまわりを楕円軌道で回っていることがわかったのです。その周期は218日。つまり、伴星は218日ごとに主星に近づきます。そのときに、伴星の重力の影響を受けて、主星を取り巻くガリバー円盤は、歳差運動をしているのだと考えられるのです。こうして、ついに円盤が傾く理由が解明されたのです。

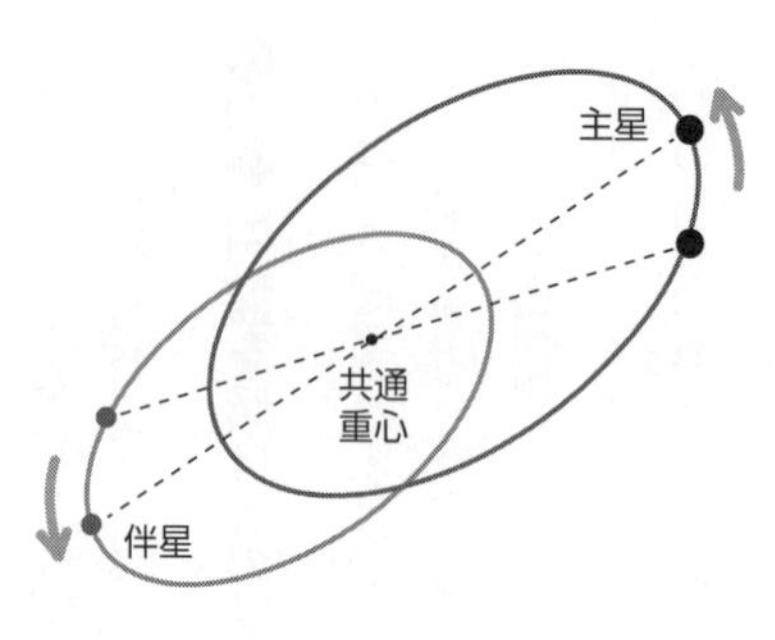

図1－10　主星と伴星が重心を共有している連星系

図1－9　片平順一さん

もう一つ円盤ができた！ならば二重・傾斜円盤だ！

しかし、本当の興奮はこれからなのです。

プレオネの研究者たちは、1938年に形成された円盤が消滅して、1971年に新しくガリバー円盤が形成されたように、ガリバー円盤もやがては細くなり、2006年頃には消滅するだろうと予想していました。そして、ガリバー円盤が消えたあとで、次の新しい円盤が形成されると考えていました。

2005年秋。私の職場にある日本国内最大の望遠鏡「**なゆた**」（図1－11）でも、ついに分光観測ができるようになりました。分光観測に欠かせない観測装置である分光器が使えるようになったのです。

試験をかねて、私はいくつか特徴のある星のスペクトルを観測しました。かねてより、片平さんとプレオネの観測

図1－11　なゆた望遠鏡（提供／西はりま天文台）

を企画していたので、さっそく、そのスペクトルも観測してみました。輝線がはっきりわかります。つまり、このときガリバー円盤は健在でした。

私は「なゆた」の初の分光観測で得られたそのデータを、片平さんに送りました。ところが、その数日後、データを見た片平さんから思いがけない返事が届きました。なんと、プレオネで新しい円盤が形成されているというのです！　岡山県の美星天文台で片平さんらが観測したデータでも、新円盤形成の兆候が確認できたとのことです。

この知らせはイナバウアーを発見した平田さんにも届けられました。プレオネの権威もこれにはびっくりで、知らせのメールを読んで一瞬、体が固まったそうです。

私たちは調査を続け、まちがいなく新しい円盤ができていることを確認してから、英文で次のようなタイトルをつけた速報レターを世界に配信しました。

「プレオネは現在、新円盤を形成している！」

本当にビックリマークつきのタイトルだったのですよ。

新しい円盤ができているということは、このときプレオネは二つの円盤を持っていたということになります。

じつは、二重の円盤を持つBe星はこれまでにも知られていました。ペルセウス座X星、ケンタウルス座ミュー星、おおいぬ座28番星、おおいぬ座FV星などです。しかしそれらの二重円盤は2本とも、星の赤道に平行するように取り巻いていて、傾きがそろっています。

プレオネの新しい円盤（最初の兆候を「なゆた」で見つけたので、以後は「なゆた円盤」とよぶことにします）も、星の赤道面に位置していると予想されます。おそらくはガリバー円盤も、できた頃はそうだったのでしょう。しかし、さきほど述べたようにこのとき、すでにガリバー円盤は大きくイナバウアーしています。つまり、プレオネのガス円盤は二重で、かつお互いのなす角度が傾いていくのです。なんとも奇妙な、SF映画にも出てこないような形状ではありませんか。宇宙には、こんな星が実際にあるのです。本書では、この円盤のことを「二重・傾斜円盤」と表記することにします。このような円盤の発見は、世界初のことです。

A：2005年秋ごろ。「ガリバー円盤」（外側）の内側に、新しい「なゆた円盤」が形成されている

B：2007年3月ころ。ガリバー円盤はすっかり細くなり、逆になゆた円盤が成長している

図1－12　プレオネの想像図（提供／西はりま天文台　作図／坂元　誠）

◆なぜ円盤の形状がわかるのか？

この時期のプレオネの想像図が、図1－12のAです。しかし、いったいなぜこういった図が描けるのでしょうか？　ガリバー円盤となゆた円盤の位置関係はどうなっているのか、そもそも、どちらが外側で、どちらが内側なのか、なぜわかるのでしょう？　これらを直接観るには、プレオネまでの距離はあまりにも遠すぎます。

ここでも頼りになるのが、スペクトルです。Be星は水素などの輝線が見える星ですが、観測されたガリバー円盤の輝線（たとえばよく目立つHアルファやHベータなど）には2本のピークがあり「ダブルピーク」とよばれています。なぜ2本のピークがあるのでしょうか？

そこで登場するのが、天文学でも屈指の重要な物

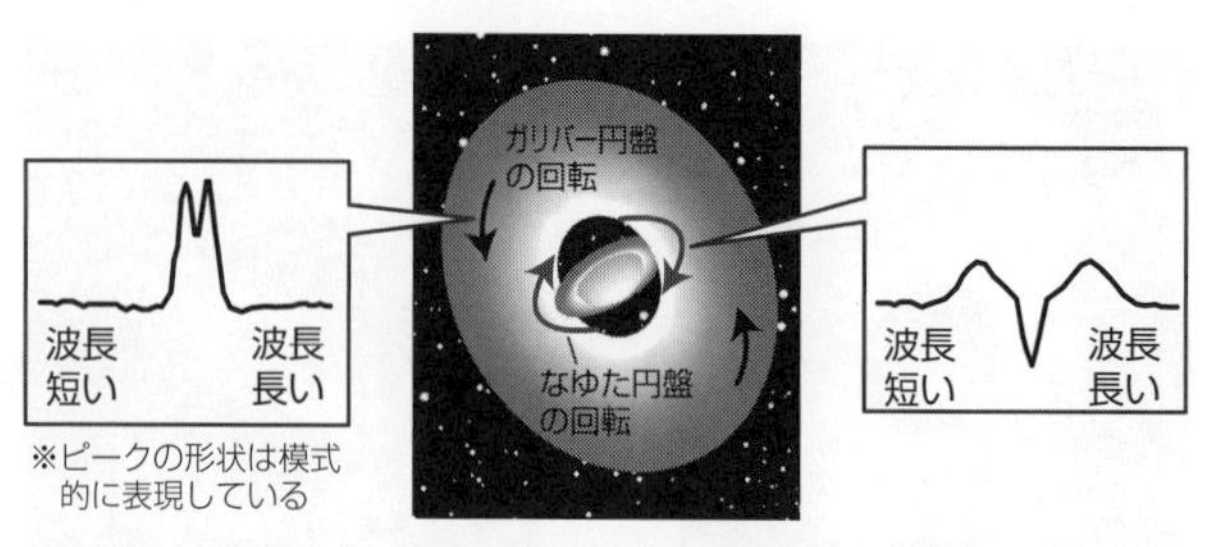

●ガス円盤の輝線（ピーク）は、ガス円盤が回転しているために、ドップラー効果によって２本のピーク（ダブルピーク）となる
●ガス円盤の回転速度は、ケプラーの第３法則より、恒星に近いほど速くなり、そのためにドップラーシフト量が大きくなる（短波長側の輝線はより短い波長側に、長波長側の輝線はより長い波長側に移る）

図1－13　プレオネの円盤における輝線とドップラー効果の関係

理法則、**ドップラー効果**です。近づく物体から出る光は波長の短い側にずれ、遠ざかる光は波長の長いほうにずれるという法則で、速度が大きいほど「ずれ」（シフト）の量も大きくなります。

プレオネの周囲をぐるぐる回っているガス円盤を地球から見ると、片側のガスは観測者に近づき、反対側のガスは遠ざかります。近づく側から出た光は波長が短いほうにずれて、反対に遠ざかる側から出た光は波長が長いほうにずれます。これがダブルピークの原因です。そして、それぞれのピーク（輝線）の根元に、なゆた円盤による輝線が重なっていたのです。それも、短波長側の輝線ではより短い波長の根元に、長波長側の輝線ではより長い波長側の根元に形成されていたのです。これは、なゆた円盤からの輝線は、ドップラー効果による「ずれ」の量がガリバー円盤の輝線よりも大きいことを意味しています（図1－13）。

ここで**ケプラーの第3法則**を応用すると、ガリバー円盤となゆた円盤のどちらが星に近いのかがわかります。この法則は惑星の運動にも適用されるもので、中心の恒星に近い惑星ほど、速い速度で公転することを示しています。厳密にいえば惑星の公転周期の2乗は軌道半径の3乗に比例します。物体がこの法則にしたがって周回する場合、**ケプラー回転**しているといいます。

プレオネのガス円盤もケプラー回転をしています。なゆた円盤のほうがガリバー円盤よりドップラーシフト量が大きいということは、回転の速度がより大きいということであり、ケプラーの第3法則からそれは、なゆた円盤のほうが中心の恒星に近い、つまりガリバー円盤より内側に位置していることがわかるのです。

また、なゆた円盤の輝線の中では、とくに656nm（ナノメートル）のHアルファが卓越しています。スペクトル上で620〜770nmの範囲は赤い光で、656nmというと鮮やかな赤になります。プレオネの円盤はこの波長の光を蛍光灯のように発しているので、おそらくは赤く輝いていると推定されるわけです。たぶん、みなさんの家にも2本セットになったリング状の蛍光灯がありますよね？　あの巨大なものが、宇宙空間で赤く輝いていると思えばいいわけです。

◆二重・傾斜円盤の大きさを算出する

二重・傾斜円盤の発見！　研究者たちは興奮状態です。大阪教育大学元教授の定金晃三（さだかねこうぞう）さんもその一人でした。定金さんは2006年1月に、国立天文台に所属する**すばる望遠鏡**で、プレオネの観測をしました。日本が誇る、ハワイ島にある世界最大級の8・2m望遠鏡です。

このときのくわしい観測によって、円盤のサイズもわかりました。大学院レベルの話になりますのでくわしい説明は省きますが、スペクトル線のある特徴から求められる速度が、円盤の半径と関係があることが理論的にわかっていて、そこから計算すると、ガリバー円盤の外径（外側の半径）と内径（内側の半径）を算出することができるのです。

その結果、ガリバー円盤の外径と内径は、プレオネ本体の半径のそれぞれ5・5倍と1・7倍であることがわかりました。なゆた円盤の外側は、ガリバー円盤の内側と接触していると推定されます。したがってなゆた円盤の外径は、ガリバー円盤の内径にほぼ等しいと考えられます。

ガリバー円盤はイナバウアーして裏返ってますので、新旧両円盤のガスの流れは逆向きになります。両円盤が接触する部分では、ガスの一部は衝突していたかもしれません。

さらに、いくつもの望遠鏡でプレオネの追跡調査がおこなわれました。岡山観測所の188cm望遠鏡、すばる望遠鏡、同じくハワイ島マウナ・ケア山にあるハワイ大学の2・2m望遠鏡（UH88）、美星天文台の101cm望遠鏡です。もちろん、私はなゆた望遠鏡で観測を継続しました。すると、プレオネの円盤は短期間で、その様子を変えていったのです。

2007年2月頃には、ガリバー円盤がすっかり細くなってしまいました（図1-12のB、カラーページFile1も参照)。しかし逆に、なゆた円盤は成長していたのです。ガリバー円盤の外径はプレオネ本体の半径の4・3倍、内径(イコールなゆた円盤の外径)は3・2倍でした。その後、ガリバー円盤はさらに衰退して、2007年の終わり頃に消滅したと推定されます。

この一連の研究は、当時、定金研究室にいた大学院生で、なゆたの分光器の立ち上げにも貢献した田中謙一さんが論文にまとめ、日本天文学会の欧文ジャーナルに掲載されました。そのタイトルは、和訳すると「プレオネの2005年11月から2007年4月にかけてのスペクトルおよび光度の劇的な変化」というものです。「劇的な」というところがいいでしょ?

ガス円盤をつくるのは「第3の星」か?

最後に、なぜこの星にガス円盤ができるのか、一つの説を紹介してこの章を終わりたいと思います。

プレオネは連星系だといいましたが、じつはこの星にはもう一つ、お伴がいるようなのです。つまりプレオネは三つの恒星がまわりあう**三重連星系**(第5章参照)である可能性があります。プレオネのもう一つのお連れは、2太陽質量を持つ、A型の星ではないかといわれています。公転周期はまだわかっていません。もし3番目の星の軌道が楕円で、主星に接近することがあるならば、その力学的な影響がガス円盤形成に何らかの影響を及ぼしているとも考えられます。

じつは、２０００年に突然、Be星となって増光したさそり座デルタ星も、伴星が見つかっています。約11年の周期で、主星の周囲を楕円軌道で周回していたのです。伴星が**近星点**（公転軌道が楕円である連星系において、両星が最も近づく軌道上の位置）を通過したのが、２０００年だったことがわかっています。ですから、楕円軌道を周回する連星系が近星点を通過するとBe星になるというのは、前例があるわけです。

ただ、このモデルがプレオネにもあてはまるかどうかは、今後、十分に吟味されなくてはいけません。そもそも、プレオネの第3の星のことはまだ十分に解明されていないのです。この星に残る謎の一つです。

プレオネの二重・傾斜円盤発見から、10年以上が経過しました。いま思い出すと、円盤の世代交代劇を目の当たりにできたことは、天文学者としてとても幸運なことでした。ちょうど、なゆた望遠鏡の分光器が立ち上がったときで、私も自由に興味深い星に望遠鏡を向けていた頃でした。突然増光する新星や超新星などを別にすれば、星の世界では、たいていのものごとはゆっくりゆっくり進み、私たちが生きている間に何か大きな変化を実際に見られることはほとんどありません。ところが、プレオネは1~2年という短い間にも、みるみるガス円盤の形状を変化させていったのです。そのような現場に立ち会えた自分の運のよさをいま、あらためて感じています。

第2章 プシビルスキ星

宇宙人が核廃棄物を捨てたのか？

じつは、恒星はどれも似たような物質でできていて、突飛なものが含まれていることはほぼないのですが、このいかめしい名前の星は例外です。普通はまず存在しない希土類（レアアースのこと）がやたらと多く、

なんと太陽（わりと平凡な恒星）の１万倍も！　まさにレアな星なのです！　この異常さの理由は「知的生命が核廃棄物を捨てたからだ」なんて説まで飛び出して――

◎◆星が何でできているかはわからないのか

「社会学」という言葉を創始したことでも知られるフランスの哲学者オーギュスト・コントは、天文学にもたいへん深い造詣がありました。彼が1798年に生まれた4年後にイギリスのウィリアム・ウォラストンが、さらにその12年後にはドイツのヨゼフ・フォン・フラウンホーファーが、太陽光の連続スペクトルの中にいくつかの「暗線」があることを独立に発見しました。この暗線は**フラウンホーファー線**とよばれています。

コントは1835年に著した『実証哲学講義』第2巻で次のように述べています。

「星の問題についていえば、どのような研究であれ、最終的に視覚による単純な観測に訴えることのできないものが……われわれの手に及ばないのは必定である……星の形状、大きさ、運動を確定できるかもしれないと想像はできても、星の化学的組成はいうに及ばず、星の密度すら確定するのはまったく不可能である……さまざまな星の真の平均温度に関してはいかなる見解にも到達しないと思われる」

つまり、はるか遠くにあって私たちが直接触れられない星については、それが何でできているのか、温度や密度がどれだけかを知ることは不可能だとコントは断言したのです。

ところがその後、現在のロシアで生まれた**グスタフ・キルヒホッフ**や、ドイツの**ローベルト・**

ブンゼンらによって分光学が進展し、前章でお話しした連続スペクトル、吸収線、輝線の原理が解明されました。そして1859年に彼らは、フラウンホーファー線が太陽の大気中の元素による吸収線であることを突きとめました（厳密にはフラウンホーファー線の一部は地球の大気中の元素による吸収線です）。

これはつまり、太陽にどのような物質が存在するのかが、わかったということです。コントがこの世を去ってからたった2年後のことでした。現在の天文学では、遠くの星の密度や温度も知ることができるようになっています。

◎◆「星の異端児」特異星とは何か

前章で述べたように、星のスペクトルには吸収線が存在します。どの元素がどの波長に吸収線を持つのか、地上の実験室で詳細に調べられていますから、吸収線の波長がわかれば、その星に何があるのか、たとえば金があるとか、銀があるとか、ウランがあるとかが、わかるのです。たとえていうなら、吸収線は星のバーコードです。何億光年、何十億光年と離れた銀河でさえ、そこに行かなくても何が存在するのかがわかります。元素の種類だけではありません。元素が多いほど吸収線は強くなりますので、量までわかるのです。

こうして、星が何でできているのかが解明されると、わかったことがありました。星は水素のかたまりだったのです。

たとえば太陽なら、存在している元素は、原子数でいうと95・1%が水素です。次に多いのはヘリウムで4・8%。残りの元素はすべてひっくるめて0・1%です（質量でいえば水素が73%、ヘリウムが25%、その他が2%）。細かいことは抜きにすれば、どの星も基本的には同じようなものです。逆におおざっぱに表現すれば、太陽の化学組成は星の平均的なものなのです。

星は水素とヘリウムでできていると考えて、まず間違いありません。その他の元素は、比率としては微々たるものでしかないのです。

ここで、天文業界の〝慣(なら)わし〟をひとつ紹介します。天文学では、水素とヘリウム以外の元素は、すべて**金属**といいます。一般の方にとっては、違和感を覚えるかもしれませんが、酸素も窒素も炭素も、天文学では金属とよぶのです。

しかし、人間にも（私みたいな？）変わり者がいるように、星の世界にもいろいろと変わった化学組成を示すものがあります。なかには変わったというよりも異常なほど特殊な組成のものもあって、こういった星は**特異星**とよばれています。

特異星にもさまざまなタイプがあります。水素が少ない星、ヘリウムが多い（あるいは少ない）星、特定の金属が多い（あるいは少ない）星、軽い金属は正常なのに重い金属が少ない星などです。なかでも最も特異な星の一つが、HD 101065、通称**プシビルスキ星**です。

●◆レアな元素が異常に多い星

時は1913年、ところはポーランド。一人の男の子が生まれました。成長してポズナン大学に入り、第2次世界大戦が勃発すると陸軍に入隊しますが、ドイツ軍の捕虜になり、メクレンブルクの収容所に入れられてしまいます。しかし運よく脱走に成功し、スイスへ逃亡したのち、チューリッヒ工科大学で学んで博士号を取得します。学位論文のテーマは銅の化学的な研究でした。1950年にオーストラリアに移住し、キャンベラ郊外にあるストロムロ山天文台に就職すると、30年余をそこで働き、天体物理学の進展に貢献しました。彼の名を、アントニー・プシビルスキといいます。

プシビルスキがオーストラリアに渡って10年ほどがたった頃のことでした。ケンタウルス座の8等星HD 101065のスペクトルを、188cm望遠鏡で観測していたプシビルスキは、地球から365光年離れたこの星のスペクトルが、ただごとではないことに気がつきました。水素や鉄の吸収線は弱いのに、**希土類**（きどるい）元素の吸収線が異常に強いのです。

希土類とは、スカンジウムとイットリウムにランタノイド15元素を加えた17元素のことです。といわれても、どれも聞いたこともないような名前ですよね？

希土類はむしろ英語で「レアアース」といったほうが、なじみがあるかもしれません。エレク

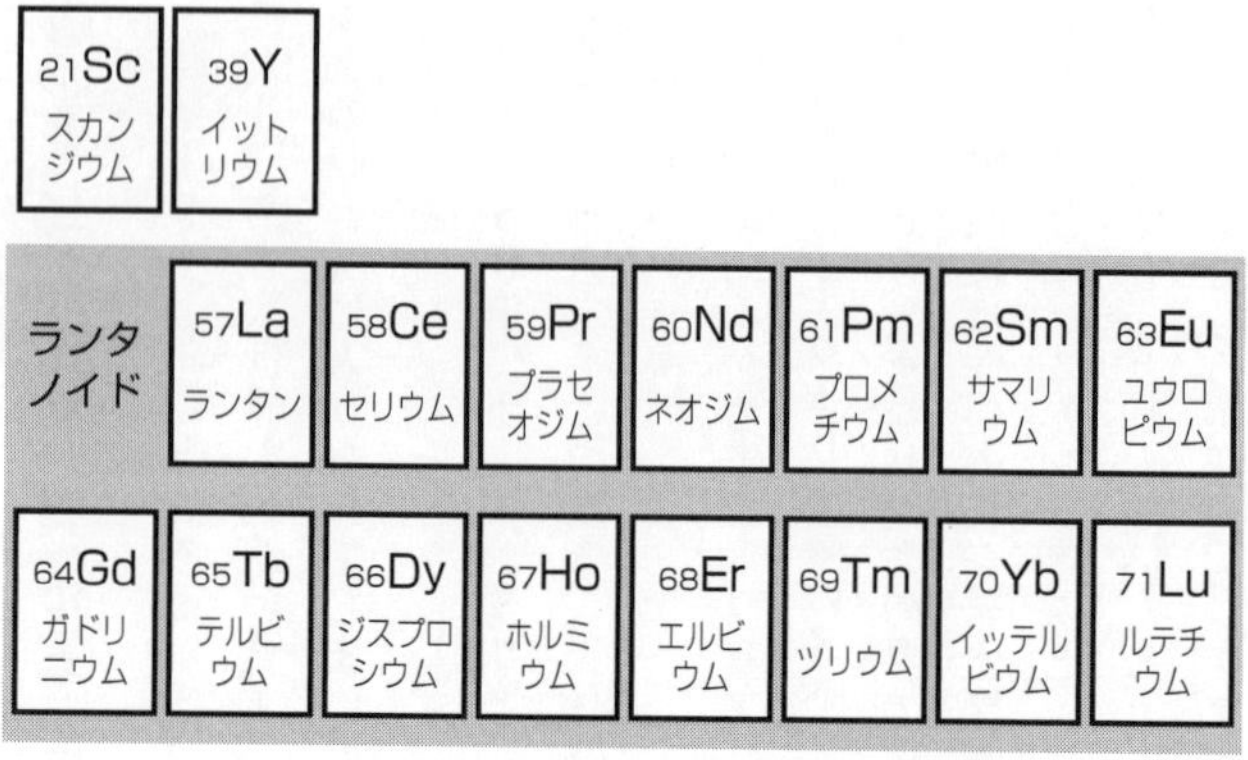

21Sc スカンジウム	39Y イットリウム						
ランタノイド	57La ランタン	58Ce セリウム	59Pr プラセオジム	60Nd ネオジム	61Pm プロメチウム	62Sm サマリウム	63Eu ユウロピウム
64Gd ガドリニウム	65Tb テルビウム	66Dy ジスプロシウム	67Ho ホルミウム	68Er エルビウム	69Tm ツリウム	70Yb イッテルビウム	71Lu ルテチウム

図2－1　レアアース17元素の一覧

トロニクス製品などには欠かせない、最近では非常によく話題にのぼる元素たちです（図2－1）。希土類の「希」はまれな（レアな）、「土」は地球を意味しています。つまり地球（アース）では希（レア）な元素、というわけです。地球だけではなく、太陽や、一般的な星でも、これらはレアな元素類です。

ところが、その希土類が、HD 101065には異常に多いことを、プシビルスキは発見したのです。たちまちこの星は恒星研究界のミステリーとなって、**「プシビルスキ星」**とよばれるようになりました。

ギリシャ神話に登場する半人半獣の動物、ケンタウロスをモデルとしているケンタウルス座。その星座絵では東を向いているケンタウロスのしっぽの付け根あたりにプシビルスキ星は位置しています（図2－2）。日本のほとんどの場所では、地平線のすぐ上にしか姿を見せません。

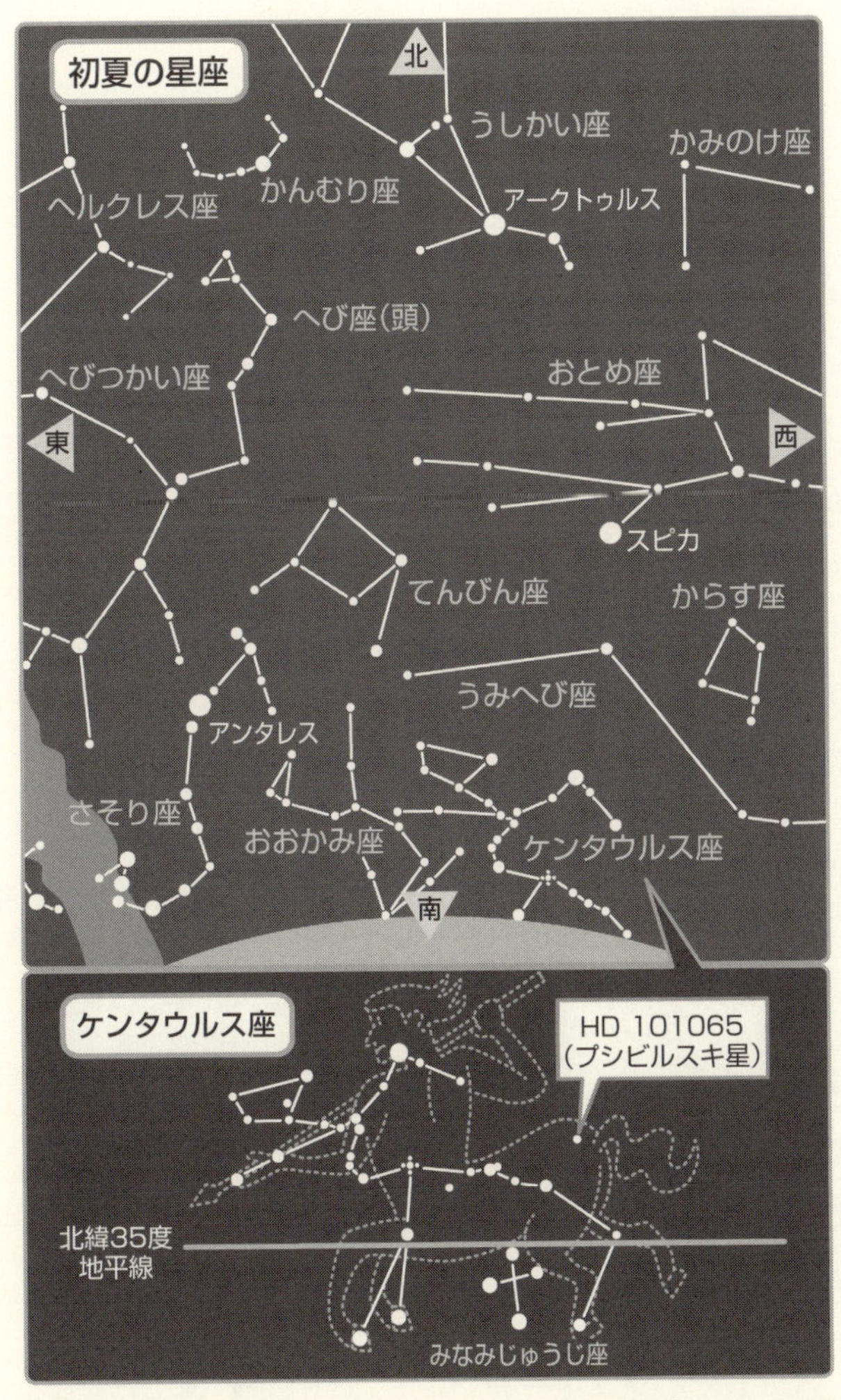

図2-2　初夏の星空（上）と、ケンタウルス座の中のプシビルスキ星の位置（下）

◎◆宇宙人の「核のゴミ捨て場」なのか？

その後の研究で、プシビルスキ星のくわしい化学組成がわかってきました。鉄は太陽に存在する量の1割しかないのに、希土類は何千倍、何万倍もあるのです（図2－3）。とくにホルミウムという元素は、地球以外ではこの星で初めて見いだされ、なんと太陽の10万倍もあります。だからこの星をホルミウム星とよぶ人もいます。

こんな話をコントが聞いたらどんな顔をするのか、見たかったとも思うのですが、それにしても、プシビルスキ星のこの異常な化学組成、いったいどう説明したらいいのでしょうか？

ここで出てきたのが、「地球外文明によるしわざではないか？」というたぐいの話です。

地球外知的生命は、英語ではＥＴＩ（Extra-Terrestrial Intelligence）といい、彼らを発見しよう、つまりサーチ（search）しようという試みのことを**SETI**とよんでいます（ＳＥＴＩに関心をお持ちの方は拙著『宇宙人の探し方』〔幻冬舎新書〕をお読みください）。

ＳＥＴＩでは通常、地球外文明がみずからの存在をアピールするために発信している電波を受信することを目的にしています。それを世界で最初に試みたのはアメリカの**フランク・ドレイク**で、１９６０年のことでした。

しかしドレイクは、よその文明がメッセージを送る手法は、電波送信だけとはかぎらないであ

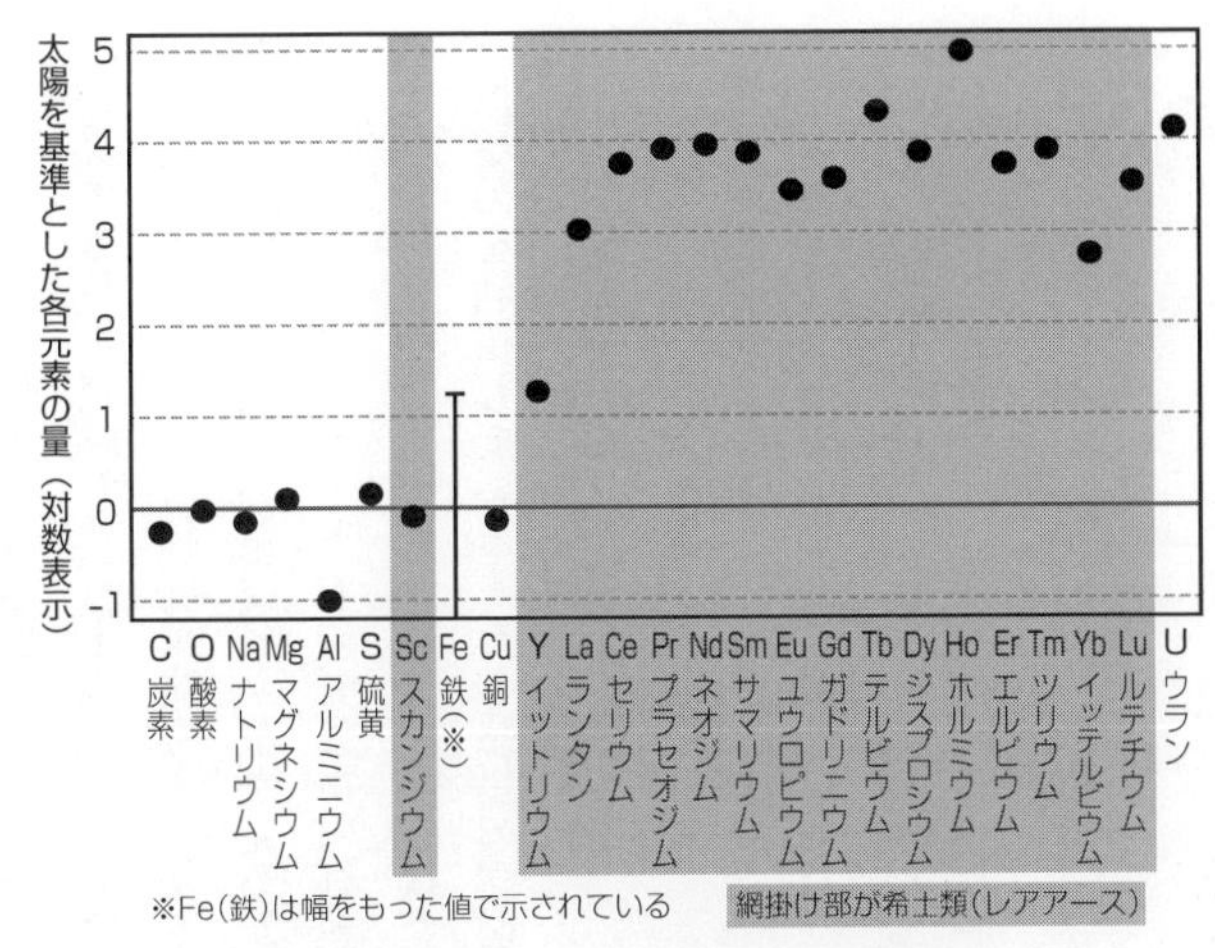

図2－3　プシビルスキ星の異常な化学組成
縦軸は太陽を基準（0）とした各元素の量（対数表示）
(Shulyak, D. et al. 2010 AA 520, A88)

ろうと考えました。１９６６年にドレイクが提唱したアイディアは、彼らは自分たちが住む惑星の母星（惑星の公転軌道の中心にある恒星）のスペクトルを細工するであろうというものでした。普通の星にはほとんどない元素を母星に大量に投棄して、スペクトルを変えるだろうというのです。たとえば普通の星には存在しないか、あっても目立たないテクネチウムを大量投棄すれば、よその文明の天体物理学者がテクネチウムの強い吸収線にびっくりして、これは自然現象ではないと気がつくだろうというわけです（ただしテクネチウムは希土類元素ではありません）。

１９８０年になると、さらに刺激的な論文が登場します。地球外知的生命は、母星に核廃棄物を投棄する可能性があるというのです。

福島の事故を経験した日本人にとって原発は、なかなか難しい議論の対象であるばかりか、原子力利用のあとに出る核廃棄物も大いなる悩みの種です。処理をめぐっていろいろな案が検討されていますが、最善の策はなかなか見つかりません。論文の著者であるダニエル・ホイットマイヤーとデビッド・ライトも核廃棄物の処理について考え、こうした着想にいたったのです。おそらくドレイクのアイディアにヒントを得たのでしょう。

原子力を利用しているよその惑星の文明も、核廃棄物の処理には困っているはずだ。彼らはそれを、彼らの母星に投棄するのではないだろうか？　二人は学術誌上でそんな可能性を議論したのです。

彼らが注目したのは、核廃棄物に含まれる放射性物質のうち、半減期が短いウラン233とプルトニウム239でした。半減期はそれぞれ、16万年、2万4100年です。これらが母星に投棄されると核分裂を起こして、各種の元素（「娘元素」といいます）が生成されるのですが、これらのうち、もともとはその星に多くない元素に注目するわけです。ホイットマイヤーとライトの結論は、プラセオジムとネオジムでした。これらがとくに多い星は、核廃棄物が投棄された可能性があるというわけです。

このプラセオジムとネオジムが、希土類元素です。そしてプシビルスキ星には、どちらも太陽の約1万倍も存在しているのです。何がいいたいか、もうおわかりですね？　ほとんどの天体物理学者はまともに信じていなかったとは思うのですが、なかには、プシビルスキ星の異常な化学組成は、地球外知的生命が核廃棄物を投棄したためだ、という話をする人も出てきたわけです。さあ、たいへんです。ついに、とうとう、地球外の文明の発見！　……でしょうか？

しかし残念ながら（？）、この星の異常な化学組成の原因は、地球外知的生命を考えなくても説明がついてしまいました。

◆星の内部でのエネルギー輸送法

現在では、プシビルスキ星の正体は「A型特異星（Ap星）」である、という考えで多くの専門家の意見は一致しています。これはスペクトル型がAの特異星のことです。「特異」は英語で「peculiar」なので、添え字に「p」をつけるのです。

では、Ap星とはどんな星でしょうか？　なぜ希土類が異常に多くなるのでしょうか？　その説明をする前に、星はエネルギーの運ばれ方で、二つのタイプに分類されるという話をしておきたいと思います。天体物理の「いろは」ですから、がんばって乗り越えましょう！

星は巨大なガスのかたまりですが、単純なかたまりではありません。その中心部で発生したエネルギーを、外側に向かって輸送しているガスのかたまりなのです。内から外へのエネルギーの輸送法には、2種類あります。対流と放射です。

対流は厳密には難しい物理現象なのですが、よく知られているのは、部屋でストーブがついているときに、暖められた空気が軽くなって上昇し、冷たい空気が重くなって下降するあれです。対流により、ストーブからのエネルギーは部屋の空気に移動していきます。星でもガスの対流が、温度の高い内部から温度の低い外側にエネルギーを運ぶ場合があります。

一方で、**放射**もエネルギーを運ぶ手段です。電磁波はエネルギーである、と前章でお話ししましたが、この電磁波でエネルギーが移動するのが放射です。ストーブに手をかざすと、手のひらが温かくなります。ストーブから出ている赤外線（電磁波の一種）というエネルギーが、放射の形で手のひらに移動したのです。太陽から地球に届く光も、もちろん放射によるものです。星の内部でも放射、つまり電磁波の形でエネルギーが内から外へ運ばれる場合があります。

ごくかいつまんで言いますと、星では内部と外部との温度差が大きい場合は対流で、そうでなければ放射によってエネルギーが運ばれると思ってください。

そして、O型、B型、A型など高温度の早期型星と、G型、K型、M型などの低温度の晩期型星では、この2種の輸送法の〝縄張り〟が異なっているのです（図2－4）。

早期型星では中心部で発生したエネルギーはまず対流で外に運ばれますが、途中からは放射に切り替わって表面に到達します。逆に晩期型星は、内側では放射、外側では対流でエネルギーが

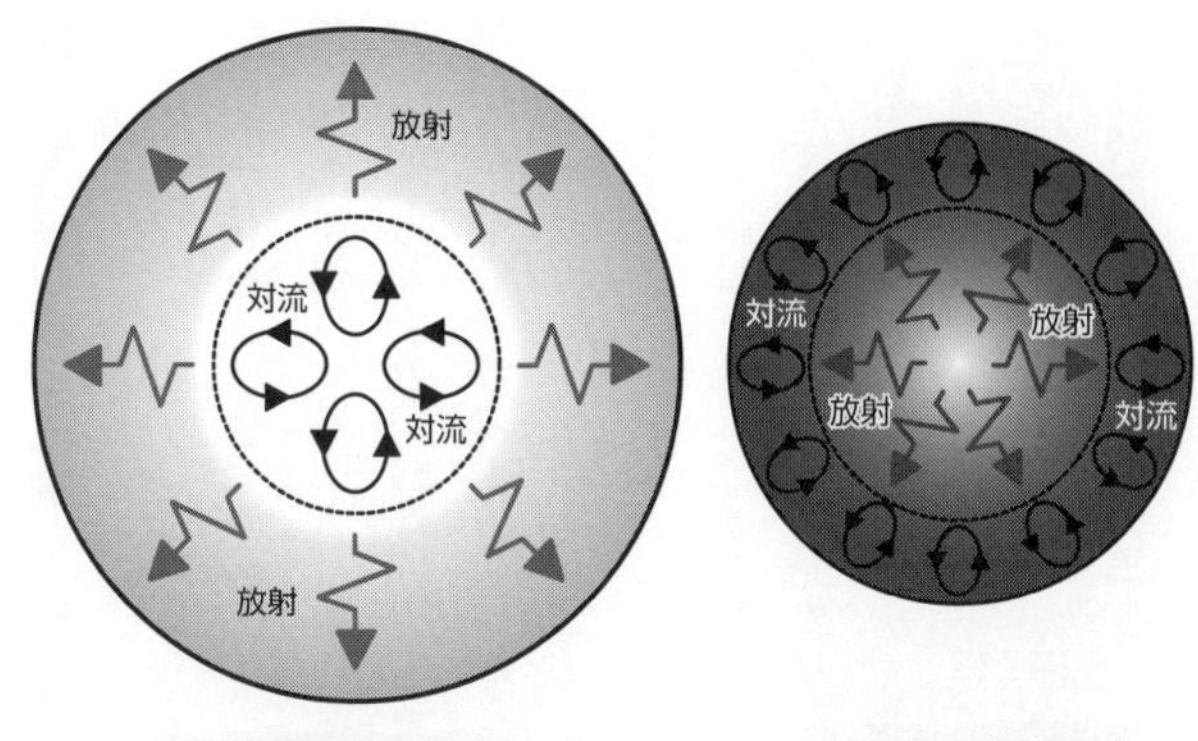

図2－4　早期型星と晩期型星ではエネルギーの輸送法が違う

輸送されるのです。

たとえば太陽はG型の晩期型星なので、外側が対流タイプです。そして半径に占める放射層と対流層の割合は、おおよそ、7：3となっています。

太陽を特殊なフィルターをかけて撮影すると、味噌汁の表面にできるモコモコした模様のようなものが写っています。熱い味噌汁をかき混ぜないでほうっておくと対流を起こすように、太陽も対流しているからです。

一方、早期型星の外側では対流が生じていないので、晩期型星よりも静かな環境となっているはずです。

◆星の原子に働く「三つの力」

もう一つ、大切なことがあります。巨大なガスのかたまりである星は、その自重でつぶれようとします。ところが、実際にはつぶれずに、大きなガスの球体として存在できています。これは、重力に逆らう外向きの圧力が、内部から星を支えているからです。つまり、星がつぶれないのは、重力と圧力が釣り合っているからなのです。これは逆の見方をすれば、圧力でガスが吹き飛ばされないように重力が外から束縛しているともいえます。

この圧力には2種類あります。話を簡略化して言えば、一つはガス圧、つまりガスそのものの圧力です。ピストンに入れた空気を圧縮すると、反発してくる力ですね。

もう一つは、光（光子）による力です。くわしくは第4章で説明しますが、星の中心では核反応が起きていて、内部で発生したエネルギーが外に向かって移動しています。エネルギーは光の放射として移動するのですが、光は粒の性質も持っているので、ものを押すことができます。光にも力があるのです。ちなみに、JAXAが2010年に打ち上げた小型ソーラー電力セイル実証機「IKAROS」は、太陽の光の圧力で航行する世界初の宇宙ヨットです。この光による圧力は**放射圧**とよばれています。

軽い星は主にガス圧で、重い星は主に放射圧で、自分自身を支えています。太陽程度の質量が、その境目になっています。

このことを、星の大気中の原子のレベルで見てみましょう。まず原子は、「重力」で落下しようとします。また、原子は熱運動によってランダムに飛び回っているので、他の原子と衝突します。これが「ガス圧」の正体です。さらに、原子は光を吸収すると、「放射圧」を受けます。正確にいいますと、元素により原子が吸収する波長は決まっているので、うまく光を吸収できた原子に放射圧が加わります。原子に作用するのは、この三つの力ということになります。

◉◆大気が静かな星で起こる「元素の浮き沈み」

さて、ようやくAp星の話に戻ります。

この星の特徴の一つは、自転周期が比較的長いことにあります。つまり、遅く自転しているわけです。ですからAp星の大気は、おとなしいと考えられます。しかも、早期型星の外側では対流が生じないので、ますます大気は静かになります。

こういう状況では不思議なことが起こります（実際には複雑なのですが、ここでは話を簡単に展開させてください）。静かな大気では、光を吸収しやすいかどうかで、その原子の運命が左右（というか上下）されます。光を吸収しやすい元素の原子には放射圧が働きやすくなるので、重力より圧力のほうが強く加わります。そのような原子は、星の表面に向かって浮上します。したがって、表面にはその原子が多くなるのです。そこからさらに放射圧を受けて、星表面から宇宙空間へ飛び出すこともあります。これを**星風**といいます（別のタイプの星風もありますが、おおい説明します）。誤解されやすいのですが、星風は「風」といっても、地球でいう場合のように大気中に吹いている風のことではありません。星から「もの」が宇宙へ向かって流れだしていることですので、ご注意ください。

逆に光の吸収を受けにくい元素では、原子に働く圧力より重力が勝ることがあり、原子は落下していきます。

このように大気の静かな星では、元素の種類によっては、原子が浮いたり、沈んだりして、分離する現象が起こるのです。これは1970年にアメリカのジョージ・ミショーが提唱した考えです。

さらに、星に強い磁場があると、星内部の乱流が抑えられます。イオン（電離した原子）は磁場に沿った方向以外には動きにくくなるからです。これを**磁場凍結**といいます。地球は巨大な棒磁石のようなものですが、星にもこのような磁場を持つものがあります。

ミショーの理論と磁場凍結の双方が起きている星では、星表面において元素ごとに分布が違ってくることがあります。たとえば図2－5は、Ap星であるHR 3831という星の元素分布図です。まるで、大陸のようですね。実際に、「元素大陸」というよばれ方もしています。

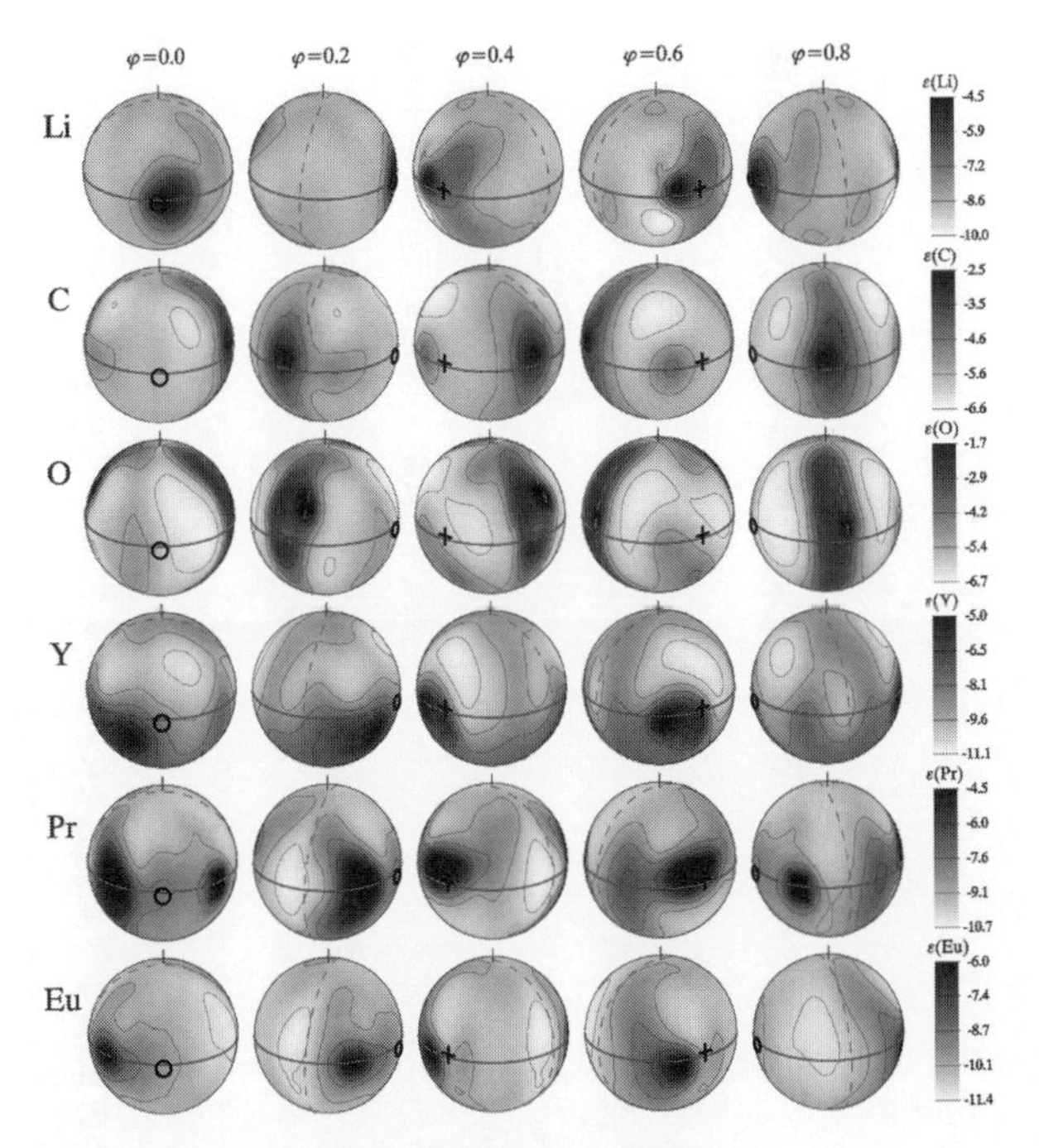

図2-5　Ap星であるHR 3831の元素分布の一例

下の3つ（Y、Pr、Eu）がレアアース元素。実線は赤道、破線は磁場の赤道。○と＋が磁極。自転により地球から見える場所が変化していく（Kochukhov,O. et al. 2004 AA 424, 935）

そしてプシビルスキ星にも1976年に、2300ガウスの磁場が検出されました。理科の実験に使う棒磁石くらいの強さです。ちなみに地球の地磁気の強さは、赤道付近で弱く高緯度地域ですと強くなりますが、日本あたりですと0・5ガウス程度です。

プシビルスキ星もおそらく、HR 3831のように、希土類元素が際立って表面に浮き出ているのでしょう。地球外生命による核のゴミ捨て場所とは考えなくてもよさそうです。

ところで、星に磁場があることはどうやってわかるのでしょうか。じつは、磁場中の原子が起源となる吸収線では、複数に分離するという現象が起こります。これは発見者の名前から**ゼーマン効果**とよばれています。磁場が強いと分離の幅も大きくなるので、その星の磁場の強さがわかるというわけです。

また一つ、吸収線のありがたみが増えました。望遠鏡で覗いても星は点ですが、吸収線の詳細な分析で、図2-5のような元素大陸の地図が描けるのです。おもしろいと思いませんか?

◆プシビルスキ星は科学者を二度驚かせた

じつは、プシビルスキ星のおもしろさは、もう一つあります。

その前に、**変光星**について簡単に紹介しておきます。明るさが時間とともに変化する星を変光星とよびます。変光星にはいくつかのタイプがありますが、ここで話題にするのは、**脈動変光星**

です（脈動を振動とよぶこともあります）。次章でくわしく説明しますが、脈動変光星にはさらに、**動径振動**する星と**非動径振動**する星の2通りがあります。前者は星の大きさ（半径）が変わることで明るさを変えるものです（おおざっぱにいうと小さくなるときに明るくなり、大きくなるときに暗くなります）。後者は星の形が変わることで明るさも変わるものです（図2－6）。

星は巨大なガスのかたまりです。そのガスのかたまりが、大きさや形を変えるのですよ！　しかも、外から力がかかって変化するわけはなく、自分自身で自動的に、大きさや形状を変化させるんです。それって、不思議に思えませんか？

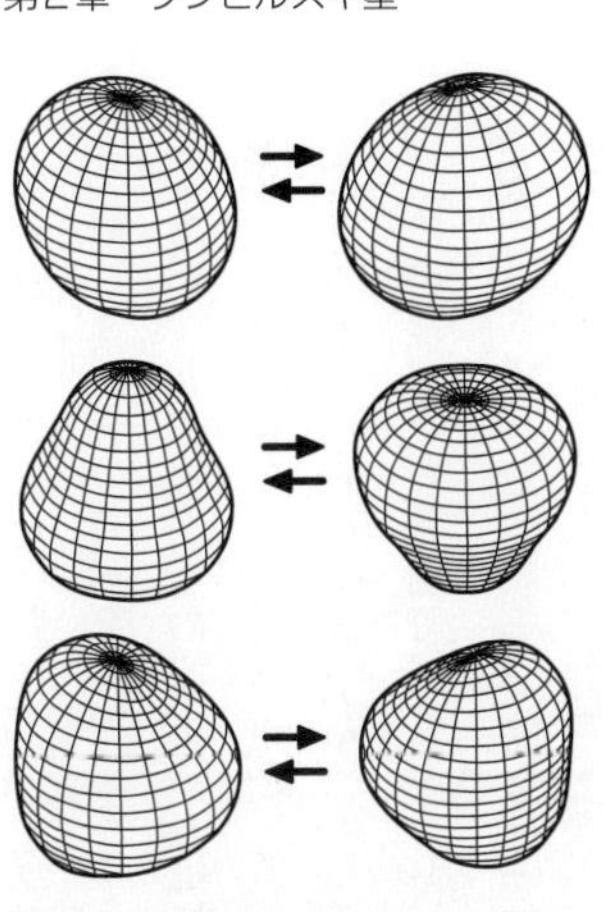

図2－6　非動径振動のパターンの一例。誇張して描いています

私はとても興味をおぼえます。なぜって、ガスが自分自身で自動的に大きさや形状を変えるんですよ（その理由はとても難解です。天文学者でも分野が違うと理解してない方がけっこういるほどです）。

とくに非動径振動の場合は、図2－6のように、まるで星が踊りを踊っているようなものです。ガスがダンスをするんですよ。これが、驚かずにいられますか？

さて、かつては、Ap星は脈動変光星にならないと思われていました。だって、そうでしょ？　大きさや形が変わったりしたら、大気が激しく動くので、ミショーの唱えた理論のような、元素ごとの分離が起きにくくなるはずです。

ところが、ところがなのです。Ap星にも、星の大きさや形が変わるものが発見されてしまったのです。1978年のことです。しかも周期が10分と、なんともせわしい振動なのです。まるで、貧乏ゆすりじゃないですか。そして、その星こそが、これまたプシビルスキ星だったのです！　その後も、短時間で振動するAp星が続々と発見されました。これらは**高速脈動A型特異星（roAp）**といって（roはrapidly oscillatingの略）、非動径振動を起こしています。ちなみに図2－5のHR 3831もroAp星です。

Ap星では起こらないはずの振動が、なぜ起きているのでしょうか？　これには磁場も関係していて、かなり複雑なメカニズムになっていますので、本書ではここまでとしておきましょう。

とにかくも、プシビルスキ星は、異常な化学組成、そして振動と、二度にわたり天文学者を驚かせた歴史的な星なのです。

さて、アントニー・プシビルスキは自分の名前がついた異常な星をその後も精力的に観測しつづけ、1984年にその波乱に満ちた人生を終えました。その約20年後のこと、ストロムロ山で大規模な山火事が起こり、プシビルスキが勤務していた天文台も焼失するという悲しいできごとが起こりました。なんとも残念なことです。一日も早い復旧を願ってやみません。

第3章

ミラ

サプライズだらけの彗星もどき

ラテン語で「驚き」を意味するというその名のとおり、1年足らずで明るさが250倍にもなるわ、お伴の星に秒速200kmもの猛烈な風を吹きつけるわ、やることなすことケタはずれな星。でも何より驚くのはカラーページのFile3のとおりの、恒星にあるまじきしっぽ！　その長さ、なんと10光年！　本当はおまえ、彗星じゃないのか？　と問いただしたくなります。

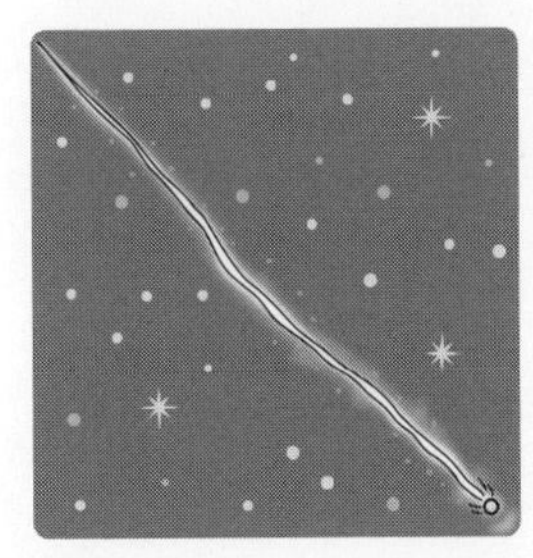

◎◆化け物クジラの喉のあたりの星

秋はなにかとセンチメンタルな季節ですが、夜空のほうも明るい星が少なくて、ちょっと寂しい感じがします。日本や、同じくらいの緯度の場所からでは、秋の夜空に見える1等星はみなみのうお（南の魚）座のフォーマルハウトしかありません。

それでも秋の星座には、現在のハリウッド映画にも負けないような英雄ペルセウスのアクション物語があります。それも、絶世の美女アンドロメダー姫と最後にはめでたく結ばれるというストーリーつきです。私も天文台に来た子供たちなどに天プラをするときは、つい夢中になってこの秋の天空での英雄伝を語ります。本書はギリシャ神話がテーマではないのでその内容は割愛しますが、アンドロメダー姫に襲いかかろうとする化け物クジラを表しているのがくじら座で、フォーマルハウトがあるみなみのうお座の東側に位置しています。一番明るい星でも2等なので、空が暗い場所で観察してもなかなかわかりにくいのですが、星座絵ではお化けのクジラが東側を向いた絵で描かれています（図3-1）。

このクジラの、喉のあたりにあるのが今回の主役、**ミラ**です。

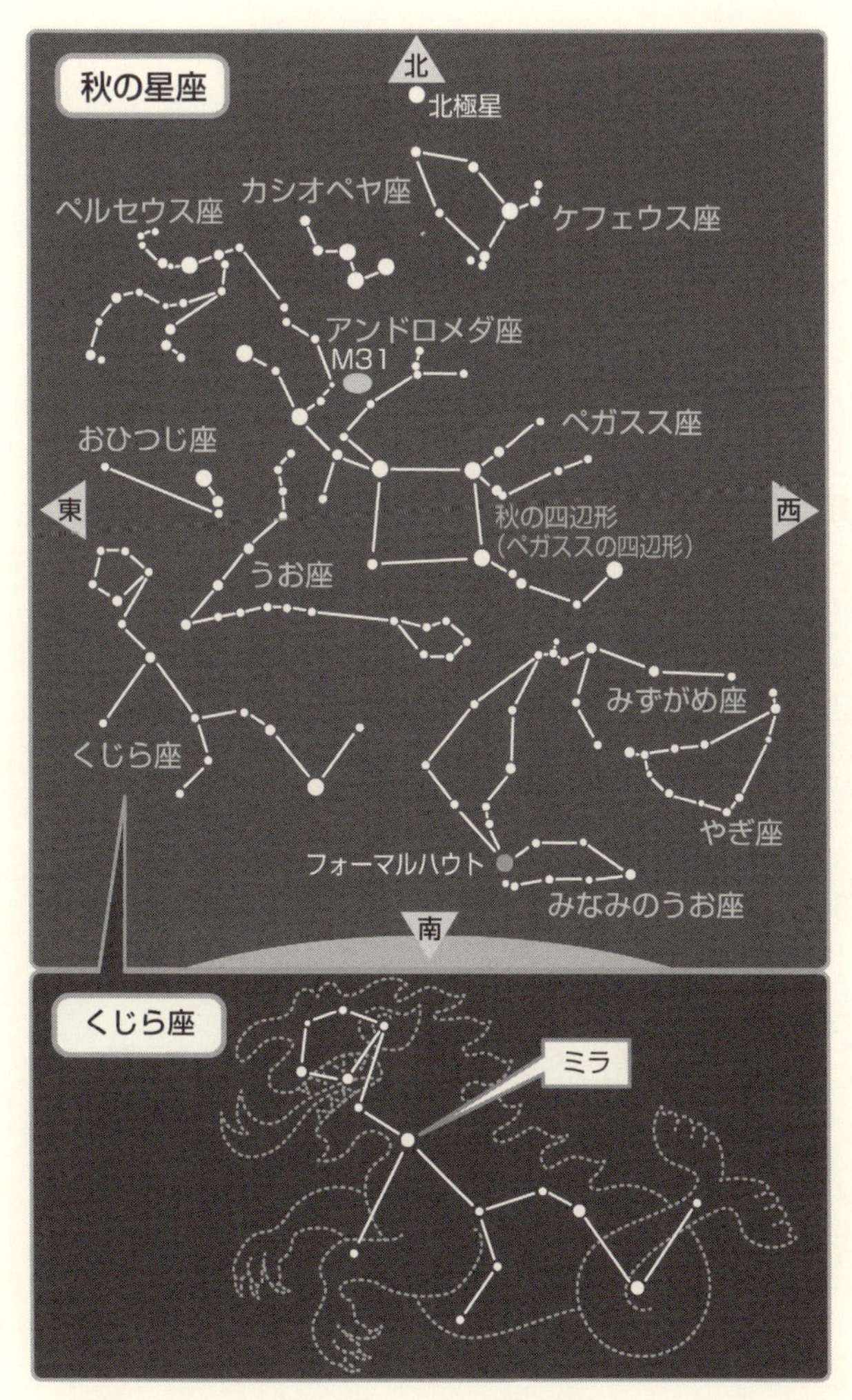

図3－1　秋の星座（上）と、くじら座の中のミラの位置（下）

●◎◆明るさを変える星があるとは「驚いた」

さて、16世紀のドイツに、ダーヴィト・ファブリツィウスという牧師さんがいました。彼は熱心な天文アマチュアでもあり、息子のヨハネスとともに望遠鏡で太陽黒点を最初に発見しました。

また、1596年8月3日。ファブリツィウスは、おひつじ座に位置していた水星（じつは木星でしたが）を確認するための星を探していて、くじら座に目を向けたとき、見なれない星があることに気がつきました（彼が望遠鏡を入手したのはこの15年ほどあとのことですので、このときは裸眼での観察です）。

その夜、くじら座のその星の明るさは3等でした。ところがその後、その星はしだいに暗くなってゆき、10月には見えなくなってしまいました。そこでファブリツィウスは、この星は一時的に明るくなり、その後は暗くなる新星だと考えました（新星については第5章参照）。

ところで、各星座の星には明るい順にアルファ星、ベータ星、ガンマ星、デルタ星、……とギリシャのアルファベットで名前がついています（ただし例外もけっこうあります）。これを考案したのはドイツの法律家**ヨハン・バイエル**で、1603年に刊行された『**ウラノメトリア**』という星図書でこの方法を採用しています。ところがバイエルは、この『ウラノメトリア』のくじら座の箇所で、なんと消えたはずの〝ファブリツィウス新星〟を記録していました。ファブリツィウスが観察したのと同じ天球面の位置にその星を、4等の「オミクロン星」として命名しているのです（オミクロンは15番目のギリシャ文字です）。

さらには、ファブリツィウスのほうも1609年2月に、消えたはずのあの新星が再び出現していることに気づいたのです。いったいどういうことなのでしょうか。

思いがけないことがきっかけになりました。1638年12月にオランダで皆既月食が起こりました。これを観測していた天文学者ヨハネス・フォキリデス・ホルワルダも、この謎の星の存在に気がついたのです。彼の偉かった点は、過去の記録を調査したことでした。するとファブリツィウスやバイエルだけでなく、別の天文学者もこの星に気づいていたことがわかりました。消えたかと思うと、同じところにまた姿を現す星。これは、どう考えても新星ではありません。ホルワルダは、この星は周期的に明るさを変える星であるという結論に達しました。

そして、1662年、ポーランドの有名な天文学者ヨハネス・ヘヴェリウスは論文の中で、この星をラテン語で「驚き」を意味する**ミラ**と命名しました。明るさが周期的に変わる星は、当時の天文学者にはよっぽど驚きだったのでしょう。

なお、ここまでの話は中世ヨーロッパでのことで、じつは古代中国やバビロニア、ギリシャではミラが変光することにすでに気がついていたようです。

3等から9等ほどまで変わる明るさ

　これまでちゃんと説明してきませんでしたが、ここで**等級**について語っておきます。星の明るさを等級というものさしで最初に表したのは、古代ギリシャの天文学者**ヒッパルコス**でした。一番明るい1等から、目でかろうじて見える6等まで、6段階で明るさランキングをしたわけです。

　現在は、1等星は6等星より100倍明るいと定義されています。ということは、1等違うと明るさは何倍違うでしょうか？　そう、5回かけると100になる数です。ところがその数は、残念ながら2・51188 6……と整数ではないし、割り切れる数でもありません。みなさんは約2・5倍と覚えておいてください。さらにいえば、等級と明るさは数式を使って表せる関係にあるので、小数点までつけて正確な明るさを表すこともできます。また1等星より明るい星や、逆に6等星より暗い裸眼では見えない星にも等級は拡張できます。具体的には、1等より明るい星は0等、マイナス1等、マイナス2等……となり、6等星より暗い星は7等、8等……となります。

　1等星は、都会でも見られます。では読者のお住まいの場所から、北斗七星は見えますか？　北斗七星が柄杓(ひしゃく)の形状をしているのはご存じと思いますが、水を入れる部分と柄(え)が接合しているところにある星を見ると、ほかの星より暗いことがわかります。この星が3等星です（図3－2）。残りの6つは2等星です。ほかにも北極星や、オリオン座の三つ星もそれぞれ2等星です。

北斗七星の柄の部分の、後ろから数えて2番目の星をよく見てください。もし、すぐそばに暗い星が見えたら、それが4等星です。ちなみにこれは、漫画「北斗の拳」に登場する有名な「死兆星」のモデルになった星ですね。5等星になると、よほど暗いところで視力のいい方でないと見えません。第1章で登場したプレオネが5等なのですが、見えますか？　そして現在の日本では、6等星が見える場所はなかなかないと思います。

第2章のプシビルスキ星は8等なので、望遠鏡でないと見えません。でも、なゆた望遠鏡で覗くと15等星まで見えるんですよ。すごいでしょ？　逆に1等星より明るい星では、たとえば七夕の織姫・ベガが0等です。オリオン座の砂時計のような形の右下の星、リゲルも0等です。そして恒星の中で一番明るいのが、おおいぬ座のシリウスでマイナス1・5等。凍てつく冬の夜空にギラギラと輝いています。

では驚き星ミラ、くじら座オミクロン星の明るさは、どのように変わっているのでしょう。

変化のグラフが図3－3です。これを**光度曲線**といいます。一332日ほどの周期で変光する星であることがわかります。

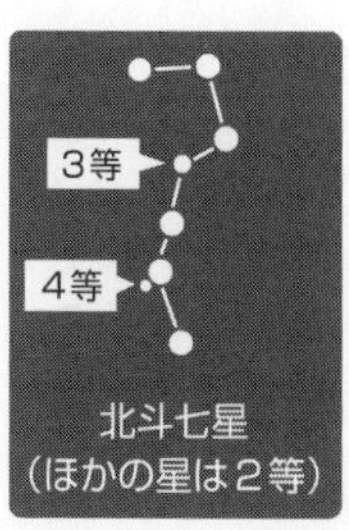

図3－2　北斗七星と3等星、4等星の星

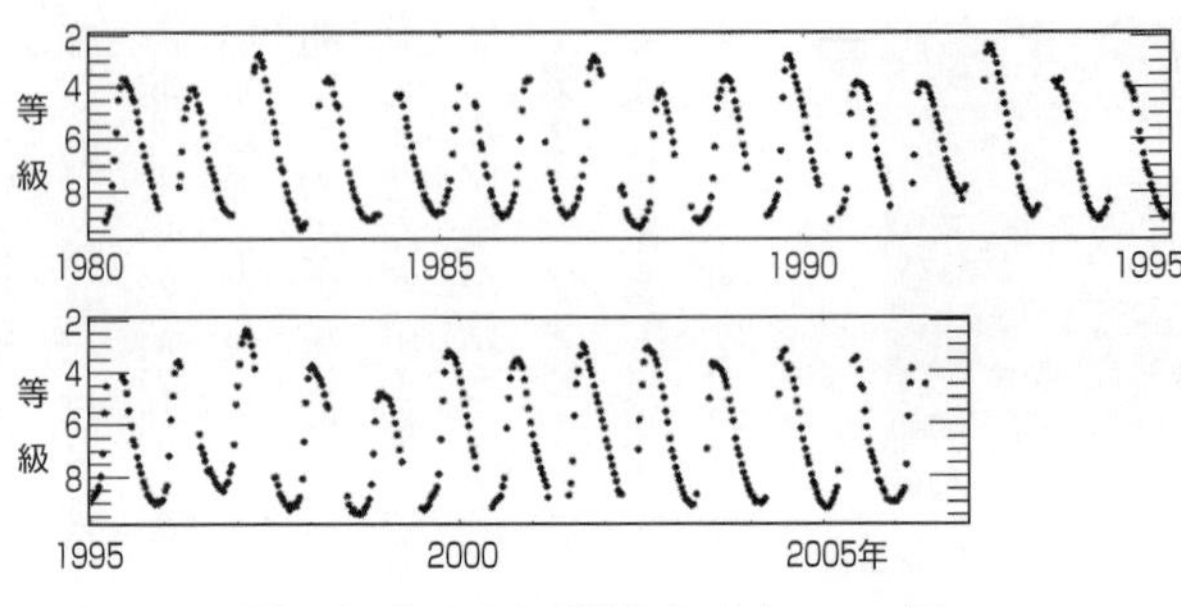

図3－3　ミラの光度曲線（1980年〜2005年）
（Templeton, M. R. & Karovska, M. 2009 ApJ, 691, 1470）

番明るいときはだいたい3等ですが、いつもそうとはかぎらないですね。記録によりますと1779年には1等星のアルデバランとほぼ同じ明るさになったそうです。6等より暗くなると裸眼では見えなくなり、一番暗くなると9等程度になります。

●◎◆スペクトルと並ぶ星の分類法「光度階級」

ミラについてくわしく説明する前に、もう一つ天体物理の基礎を知っておきましょう。星は表面温度のシークエンス（順番）となっているスペクトル型で、基本的に7種のタイプに分けられることはお話ししました。この分類によれば、ミラは晩期M型になります。その表面温度は3000度前後で変化します。

ところが、星にはスペクトルとは別に、もう一つ、分類の方法があるのです。星本来の明るさによるタイプ分けです。これを**光度階級**といいます。明るいほうからⅠ、Ⅱ、Ⅲ、

Ⅳ、Ⅴと5段階のローマ数字がついていて、それぞれを、**超巨星**、**輝巨星**、**巨星**、**準巨星**、**主系列星**（**矮星**（わいせい））とよびます。

明るさの分類なのに、大きさを表現する「巨」がつくのはなぜでしょうか？ 星の明るさは、「表面温度の4乗」と「半径の2乗」に比例します。同じ表面温度の星なら、（半径が）大きな星のほうが明るいのです。したがって光度階級は、星の大きさのシークエンスでもあります。

このように恒星は、スペクトル型（表面温度）と光度階級（明るさ）の2次元で分類されるのです。

ミラの光度階級は、Ⅲの巨星です。二つの分類法を組み合わせれば、赤いM型の巨星なので、**赤色巨星**ということになります。地球からの距離は約300光年で、質量は太陽とほぼ同じです。

◎◆星を知るうえで最も重要なHR図

ところで、星は生まれてから死を迎えるまでに、さまざまに変化します。星の生涯にわたる変化のことを、天文学では「進化」といいます。生物学でいう「進化」とは、少し意味合いが違いますね。

星の進化を考えるうえで、これをなしに語ることはできないという1枚のグラフがあります。

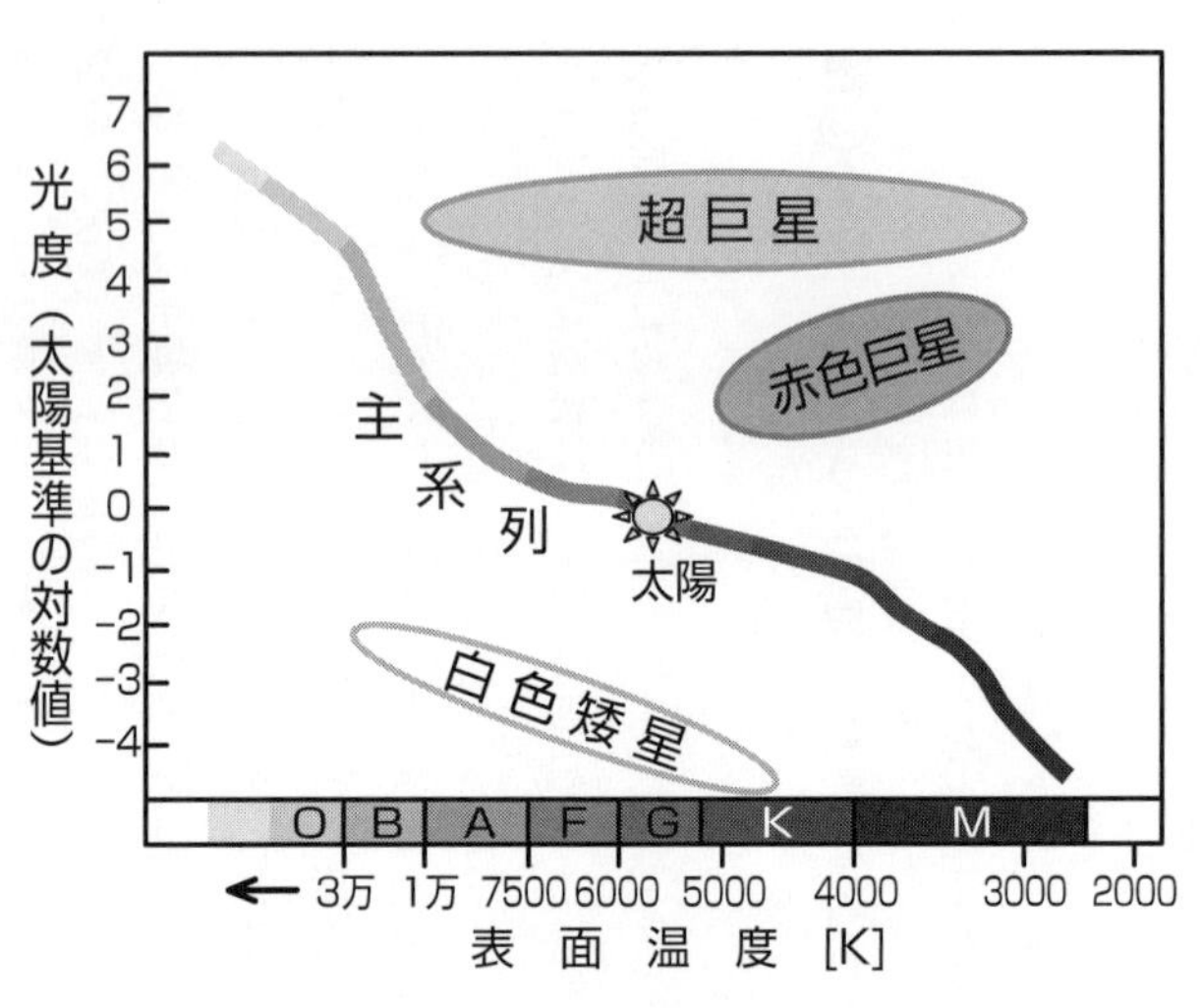

図3－4　HR図

横軸に表面温度（またはスペクトル型）、縦軸に星の本来の明るさをとったグラフです。1910年代に、デンマークのアイナー・ヘルツシュプルング（一時期はオランダのライデン大学天文台にもいました）とアメリカのヘンリー・ノリス・ラッセルがそれぞれ独自に考案したので、両者の名前をとって**ヘルツシュプルング・ラッセル図**、略して**HR図**といっています。天体物理学では一番重要なグラフです。

ただし、この図には一つ、おかしな点があります。横軸が、左にいくほど表面温度の数値が高くなっています。これは、ラッセルが横軸にスペクトル型を、左から右に向かって並べたためです。左から右に横書きに文字を書く文化圏の人ですから当然なのですが、O

からMへという順序は、表面温度でいえば高いほうから低いほうへという順序で並んでいますので、こういうことになったわけです。結局、横軸にスペクトルではなく表面温度をとる場合でもこの慣習に従うことになり、現在もこの左肩上がりの図が使われています。ちなみに、ヘルツシュプルングが最初に発表したグラフは、表面温度は縦軸のほうで示され、横軸が絶対等級でした。

　これまでに観測できたさまざまな星のデータをプロットして、その分布を思い切って簡略化したものが図3－4です。太陽の位置もプロットしてあります（カラーの最終ページも参照）。

　まず気がつくのは、星はHR図上に均一に散らばってはいない、ということではないでしょうか。ほとんどの星は、左上から右下に、帯のように分布しています。この領域を**主系列**といい、ここに分布しているのが光度階級でいう主系列星なのです。太陽はG型（サブクラスも含めればG2型）の主系列星です。

　次に目立つのは、主系列の上部、中央からやや低温度側にも、わりと多くの星が分布していることですね。ここに位置するのが巨星なのですが、巨星は巨星でも低温側、つまり赤い星なので、赤色巨星です。さきほど紹介したように、ミラもこのグループにいます。より正確にいえば、ミラは**漸近巨星分枝星（AGB星）**という、赤色巨星のなかでも進化の後半段階にある星です。星の進化については次章でくわしくお話ししますので、いまは、ミラがAGBというタイプ

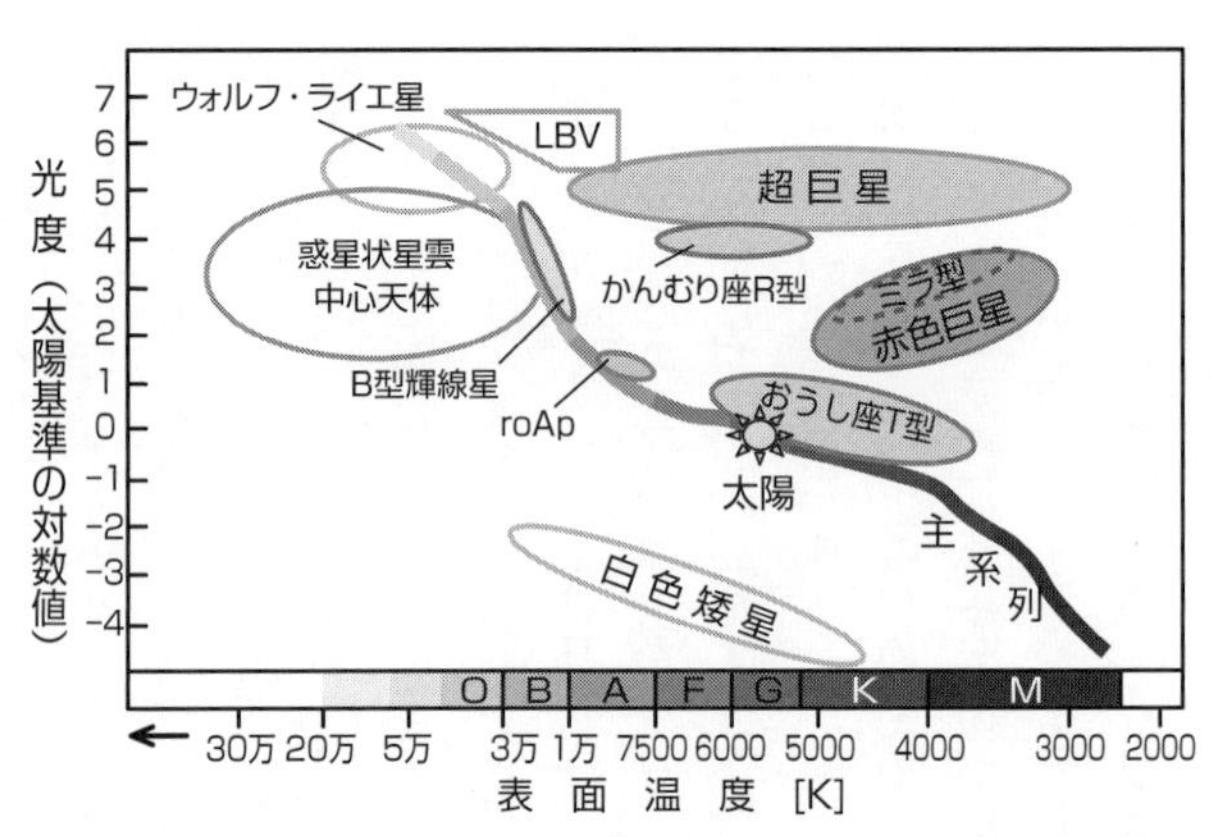

図3－5　本書に関連のある星のタイプのHR図上でのおおまかな位置

だということを知っておいてください。

さらには、主系列より下、つまり暗い星で、温度が高い（白い）場所にも、ちょっとしたグループが帯状になっています。ここは、このあとに登場する**白色矮星**が位置しているところです。

ここではひとまず、主系列星、赤色巨星、白色矮星のメジャー3グループを覚えておいてください。参考までに、本書に登場する星のタイプの位置をHR図上に描いたものが図3－5です。くわしいことは、おいおい説明します。

◉◆膨らんだり縮んだりして明るさを変えている！

さて、お待たせしました。なぜミラは、明るさを周期的に変えるのか？　この謎を、いまから解いていきましょう。

それが解明されたのは、20世紀になってからのことです。答えを先に書いてしまうと、ズバリ、ミラは大きさを変えているのです！　そうです、ミラは膨らんだり縮んだりして、明るさを変えているのです。

第2章で、明るさが時間とともに変化する変光星について説明しました。変光星にはいくつかのタイプがあり、脈動変光星というものがあること、これはさらに、動径振動と非動径振動の2通りに分けられることも述べました。動径振動は、大きさ（半径）の変化にともない明るさを変えるもの、非動径振動は形の変化にともない明るさを変えるものでしたね。

じつはミラは、脈動変光星の発見第1号なのです。種類としては、動径振動をするほうです。おおざっぱにいうと、小さくなるときに明るくなり、大きくなるときに暗くなっているのです。ここで「おや？」と思われた方はすばらしい。「星は大きいほど明るいって、光度階級の説明のときに言ったじゃないか。矛盾してないか？」という疑問ですね。たしかにそうです。でも、星の明るさを決める、もう一つ大切な要素がありましたね。表面温度です。もう一度、そこを読み返してください。星の明るさは「表面温度の4乗」と「半径の2乗」で決まるのでした。半径の変化より表面温度の変化のほうが、影響が大きいのです。したがってガスでできた星は、圧縮される（小さくなる）と温度が上がって明るくなり、膨張する（大きくなる）と温度が下がって暗くなるのです。

では、ミラの大きさはどのくらい変わるのでしょうか。これについてはいくつか論文が書かれています。たとえば小さいときの半径は、大きいときの半径のざっと8割ほどになるようです。

現在では、ミラのようなAGB星に分類される星がこのような周期で変光する場合は、**ミラ型変光星**とよばれ、数多く発見されています。変光周期は100～700日です。ちなみにミラ型という名前のもとになったミラのように、そのタイプの〝原型〟を**プロトタイプ**といいます。

では、ミラ型はなぜ脈動という現象を引き起こすのでしょうか？　前章で、晩期型星は外側が対流を起こしていると解説しましたが、ミラの脈動も、この対流が原因となっているようです。

このことがわかったのが、じつは20世紀も末になってからなのですが、いまでもそのくわしいしくみは解明されていません。2008年に脈動変光星の大家、**竹内峯**元東北大学教授が書かれた文献では、対流説を紹介しつつも、脈動の原因は「未確定」とされています。

なお、ミラはまさに、動径振動する赤色巨星の代表例なのですが、最近になって、非動径振動も起こしている可能性が示唆されているのです。こうしてみると、話が単純に進まないのが自然の摂理のようにも思えてきますね。ぜひ今後の進展を見守りたい研究のひとつです。

●◎◆ミラが噴き出す激しい風

ところで、ミラには変光星であるということのほかにも、いろいろと面白い性質があります。

前章で「星風」の話をしたのを覚えていますか。そう、Ap星の原子が内部からの放射圧を受けて、宇宙空間に飛び出す現象のことです。

星風はミラのようなＡＧＢ星や、さらに巨大な赤色超巨星からも噴き出しています。これらの星は進化で大きく膨張していますので、表面重力が小さな天体です。そのため星の表面からはものが飛び出しやすくなっていて、激しい星風が生じます。これも、これら大きな星の特徴の一つです。

この風の正体は、星の表面近くに存在する**ダスト**（固体微粒子）が放射圧を受けたものと考えられます。ダストは原子より放射圧を受けやすいからです。それに磁場が関係しているとも考えられています。またミラ型など巨星や超巨星が変光星となっている場合は、その脈動による影響も、強い星風の原因となっていると思われます。

ミラの星風の速度は秒速10㎞で、１年あたりに地球質量のなんと約１００分の１ものダストや分子を宇宙に向けて放出しています。星の表面から飛び出したそれらが、ミラを取り囲んでいると考えられています。このことは赤外線や電波による観測からわかります。宇宙を漂うダストと分子は、それぞれ赤外線と電波を放射するからです。

◉◆ 主星から伴星へのガスが撮影された！

じつはミラは、連星系なのです。いままでお話ししてきた脈動変光を引き起こしているＡＧＢ星は主星で、そこから55天文単位離れたところに伴星が存在していることが、１９２３年に発見されたのです。太陽系では海王星が太陽から約30天文単位離れていますので、ミラの二つの星はそれよりまだ離れているということになります。公転周期は何百年にもなります。

伴星の正体をめぐっては議論があるのですが、どうやら白色矮星と考えられます。一般に白色矮星は白くて（高温度で）小さい（地球と同じくらいのサイズ）のですが、とても高密度な天体です。ミラの伴星は０・６太陽質量ほどもありますが、大きさはちょうど地球と同じで、角砂糖１個の大きさがなんと軽自動車１台の重さを持つほど高密度なのです。

この伴星も変光星で、**くじら座VZ星**という変光星名がついています。９・５等から12等の間を12～14年程度の周期で変光していることが１９５４年にわかりました。

ミラの主星からは、激しい星風によってガスの一部が伴星のほうへ移動しています。主星が噴き出す物質のおよそ１００分の１～１０００分の１は、伴星に降り注いでいるようです。

ところで、もし二つの星が静止していたら、主星から放出されたガスは伴星に直接衝突しますが、連星系は二つの星が共通の重心を回りあっているので、ガスは伴星の後ろに回り込み、さらにぐるりと1周して伴星を取り巻いて、円盤を形成していると考えられます。これを降着円盤(こうちゃく)といいます。伴星も変光星だといいましたが、正確にいうと、変光しているのはこの円盤だと考えられています。

1995年の暮れ、ついにハッブル宇宙望遠鏡（1990年にスペースシャトルで宇宙に運ばれました。その口径は2・4m）がミラを観測する日がきました。12月11日に紫外線で撮影された、ミラの画像の1枚を見て、私はとても「驚き」ました。

「うぁ〜！　写ってる写ってる！」

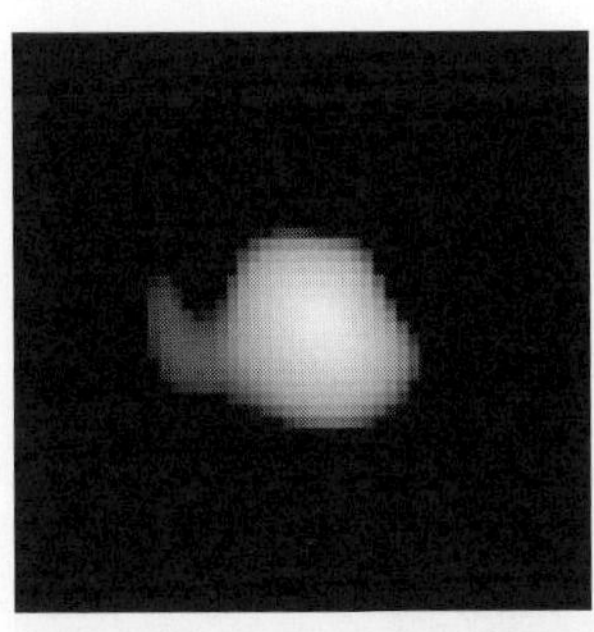

図3-6　ハッブル望遠鏡が撮影したミラの主星から伴星に落下するガス流（NASA）

まるで発芽したばかりの大豆。しかしそれは、主星から伴星へガスが流れ出ている様子が実際に写ったものだったのです（図3-6）。連星系の一方の星からもう一方へガスが流れることは理論的に予測されていましたし、分光観測からも間接的にはわかっていました。大学・大学院で連星系の研究をしていた私も、ですから、そのようなことは頭では理解しているつもりでした。ところが、それが実際に写っていたのです。驚きです！　ミラ！

それは、ちょうど現在の職場に勤務をはじめた頃ですが、この画像に大いに衝撃を受けたことをいまでも覚えています。

その後の研究で、降着円盤の驚くべき実像がわかってきました。半径は1〜10天文単位もあります。主星から放出されたガスは、伴星の重力に引かれて、ぐんぐんスピードを上げて落下します。その速度は秒速200㎞にもなります。それでも主星を出てから円盤に到着するまでにおよそ1年かかる計算になります。さらにこの円盤は、ガスどうしが衝突するのでたいへんな高温となり、そこからは紫外線とX線が放射されています（図3－7）。

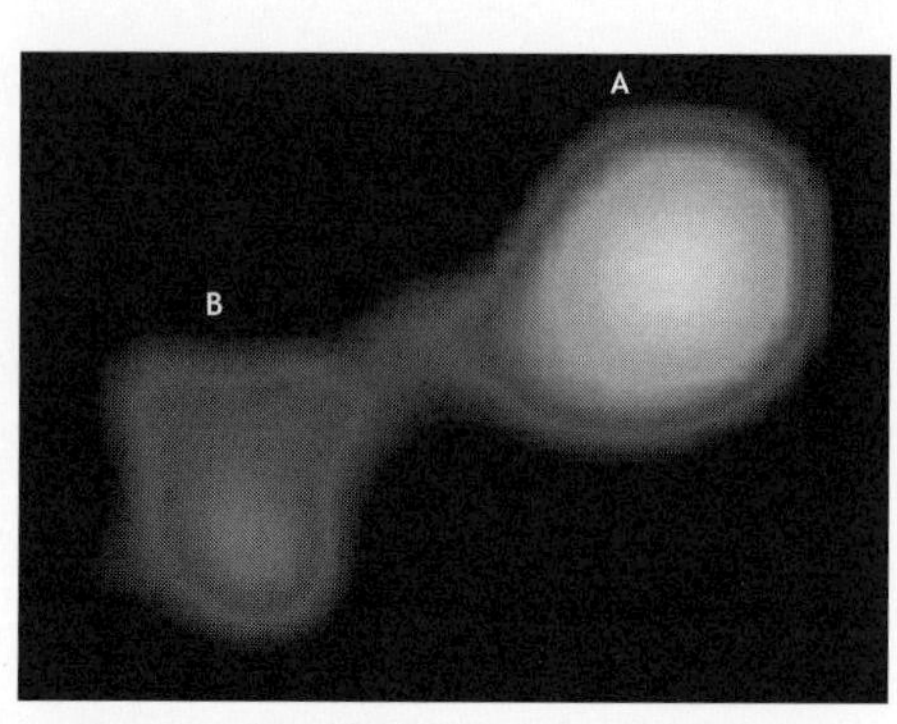

図3－7　X線で観測されたミラの主星（右）と伴星（左）。（NASA）

ところで、ミラはじつは伴星からも星風が噴き出しています。風の性質は時期によって変化するようですが、1年間に放出される質量は主星の風の1万分の1〜100万分の1ほど、しかしその速度は秒速250〜450㎞にもなります。伴星の赤道には円盤がありますので、風はその方向には出にくく、二つの極方向に向かって噴き出していると考えられます。このような流れを双極流といいます。双極流は降着円盤を持つタイプの天体に見られる特徴です。

◎◆「なんて素敵なしっぽなんだ!」

しかし、ミラの最大の「驚き」は、じつはここからなのです。

2007年8月16日号の『ネイチャー』誌に、びっくりする写真が掲載されました。カリフォルニア工科大学のクリストファー・マーティンらの論文とともに公開された、NASAの紫外線衛星GALEXが撮影したミラの姿です。そこには、なんとミラから長いしっぽが出ている様子が写っていたのです。まるで彗星ではないですか(カラーページFile3)! 超ド級衝撃。驚嘆。ミラ! ミラ!

しかし彗星は直径数kmほどの氷のかたまりなので、ミラとは大きさも物理的な性質もまったく違います。なのに、撮影されたその姿は彗星にそっくりなのです。尾の長さは、約10光年にもなると書かれています。同じ年には、別の研究グループがミラの尾に関する論文を出しました。そのタイトルは「It's a wonderful tail」(なんて素敵なしっぽなんだ!)。

なぜこんなことが起きるのでしょうか? 彗星(氷のかたまり)の場合は、たとえば太陽に近づくと、温度が上昇して融けます。真空では液体にならず、いきなりガスになります。一方、太陽からは星風が噴き出しています。高温度のガスであるコロナの圧力や磁場の影響で荷電粒子

（イオンや電子など電気を帯びた粒子）が表面から宇宙空間へ飛び出していて、風が吹いているのです。これを**太陽風**といい、その速度は秒速３００〜５００㎞です。この風になびいて、イオンのしっぽができるのです。いわば雪だるまが鯉のぼりに化けるのです。

ところがミラの場合は、雪だるま・鯉のぼりモデルでは説明ができません。宇宙空間に広い範囲にわたって強い風が吹いているのではないからです。ミラからの星風が一方向に向いてとくに強く吹き出していればいいかもしれません。でも、こんな長い尾を出すほど特定の方向にむけて風を吹き出してはいません。また謎です。読者のみなさんならどう説明しますか？

ミラのしっぽ、その謎を解くキーワードは「高速移動」です。

恒星は彗星や惑星と違って、ひとつの場所にじっとしているようなイメージがあるかもしれませんが、じつはそうではなく、それぞれの星に固有の動きをしています。何万年、何十万年もすると、星座もその形を変えてしまうのです。

ＡＧＢ星の場合、その平均的な速度は秒速30㎞ですが、ミラの移動速度は例外的に速く、秒速１００㎞にもなります。このとき、星風によりミラから放出されたガスは、宇宙空間に存在している気体と衝突して減速し、猛スピードで天の川の中を飛んでいるミラ自身の動きから取り残されます。長いしっぽは、このようにして形成されると考えられています。ちょうどＳＬの煙が後方になびいている様子に似ています。ミラのしっぽは、鯉のぼりではなくＳＬの煙だったのです。

この尾は、ミラから噴き出される物質と水素ガスが衝突したときに生じるエネルギーで発光していますので、極地域で見られるオーロラに似ています。オーロラを出しながら走るSLなのです。ただし、撮影するなら、紫外線の、しかもある短い波長域でしか写りません。

ミラは地球から見ると、ほぼ南（星座絵では化け物クジラの前足の付け根あたり）へ動いています。したがって尾は、北（クジラの後頭部）のほうへ伸びています。尾の先端からガスが放出されるようになったのは、3万年ほど前と考えられています。

恒星のこのような尾は、ミラで初めて発見されました。まさに「驚き」です。しかし2014年には、同じくM型巨星の変光星、りょうけん座V星にも尾が（さらにはこのあと説明するボウショックも）あるらしいという論文が出されています。今後の研究が楽しみです

●◎◆頭部には「弓」や螺旋も見える

ついでに、ミラのしっぽ以外の部分についても少し説明しておきます。

カラーページのFile3で、尾と反対側の、いわば「頭部」をよく見てください。その先になにやら、半円状の弓形のようなものが写っています。これは物体が超音速で進むときにできる衝撃波面というもので、ミラ本体から0・3光年ほどの距離にあります。これを**ボウショック**といい

ます。「ボウ」（bow）はレインボウ（rainbow）のボウです。

頭部は赤外線衛星によっても観測されていますが、それによると、ダストが螺旋を描いているように分布していることがわかりました。ミラの二つの星はぐるぐる公転しているので、放出される物質は螺旋運動を描いて外へ出ようとするのです。

◎◆あなたもミラを見られる？

さて、このように驚きに満ちた変光星ミラは、明るく光る時期には裸眼でもみられます。読者のみなさんも夜、暗い場所に出かけて、探してみてはいかがでしょうか？　見つけたら、腕をまっすぐ伸ばして親指を突き出してください。その太さが2度になります（親指の長さではなく太さですよ）。それが、ミラの尾の長さに相当するのです。尾は肉眼では見えませんが、ミラから伸びている姿を想像してみてください。

まずは1ヵ月に1～2回の観察でもいいでしょう。何ヵ月も観察すれば、ミラの明るさの変化もわかるようになると思います。最初にお話ししたように、ピーク時の明るさはいつも同じではありませんので、アマチュアの観察も貴重なデータとなります。ファブリツィウスや中世欧州の天文学者に思いをめぐらせながらの観察もおつなものです。そのときは、ぜひ本書をご持参ください。

第4章 かんむり座R星

初心者におすすめの宇宙ダコ

宇宙も深海も、暗黒世界という意味では同じ。そして深海にタコがいるように、宇宙にもシュワーッと墨を吐いて姿をくらませるタコがいます（カラーページFile 6）。暗くなるとご家庭の双眼鏡でもわかるという、天体観測の初心者には意外にやさしい宇宙ダコです。でも天文学者には甘くない。「雲隠れ」のほかに「若返り」の妖術まで用いて翻弄し、つかみどころを与えません。

◎◆双眼鏡でも観測できる！

１９９３年、大学院を修了した私は、宮城県石巻市の高校に就職しました。新任の理科教師はそこで、天文部の顧問になりました。毎日、部室（というか地学実験室ですが）に熱心に通ってくるのは5人ほどの、なんともアットホームな集団でした。学校に泊まり込んでの観察会が月に一度あるだけでしたので、なかなか継続的な観察というわけにはいきません。観察会の夜に曇ってしまったら星も見えません。そこで、生徒たちが帰宅してもできるテーマがないかと考えました。（私の記憶では）家に天体望遠鏡がある生徒はいませんでしたが、双眼鏡を持っている子が何人かいましたので、**かんむり座R星**の観察を提案しました。

かんむり座は、春から夏にかけての星座です（図４－１）。日本（や同じ緯度の場所）では、天頂付近を通ります。たとえば7月中旬頃ですと、夜の8時頃に頭の真上にあるのが、かんむり座です。ギリシャ神話では、酒の神ディオニューソスが、奥さんのアリアドネーと結婚するときに贈った冠だそうです。西から東にシータ（θ）、ベータ（β）、アルファ（α）、ガンマ（γ）、デルタ（δ）、イプシロン（ε）、イオータ（ι）と7つの星が並び、たしかに冠の形に見えます。一番明るい星は2等のアルファ星で、「ゲンマ」という名前がつけられています。「宝石」という意味で、冠のちょうど中央にあるので最適なネーミングです。

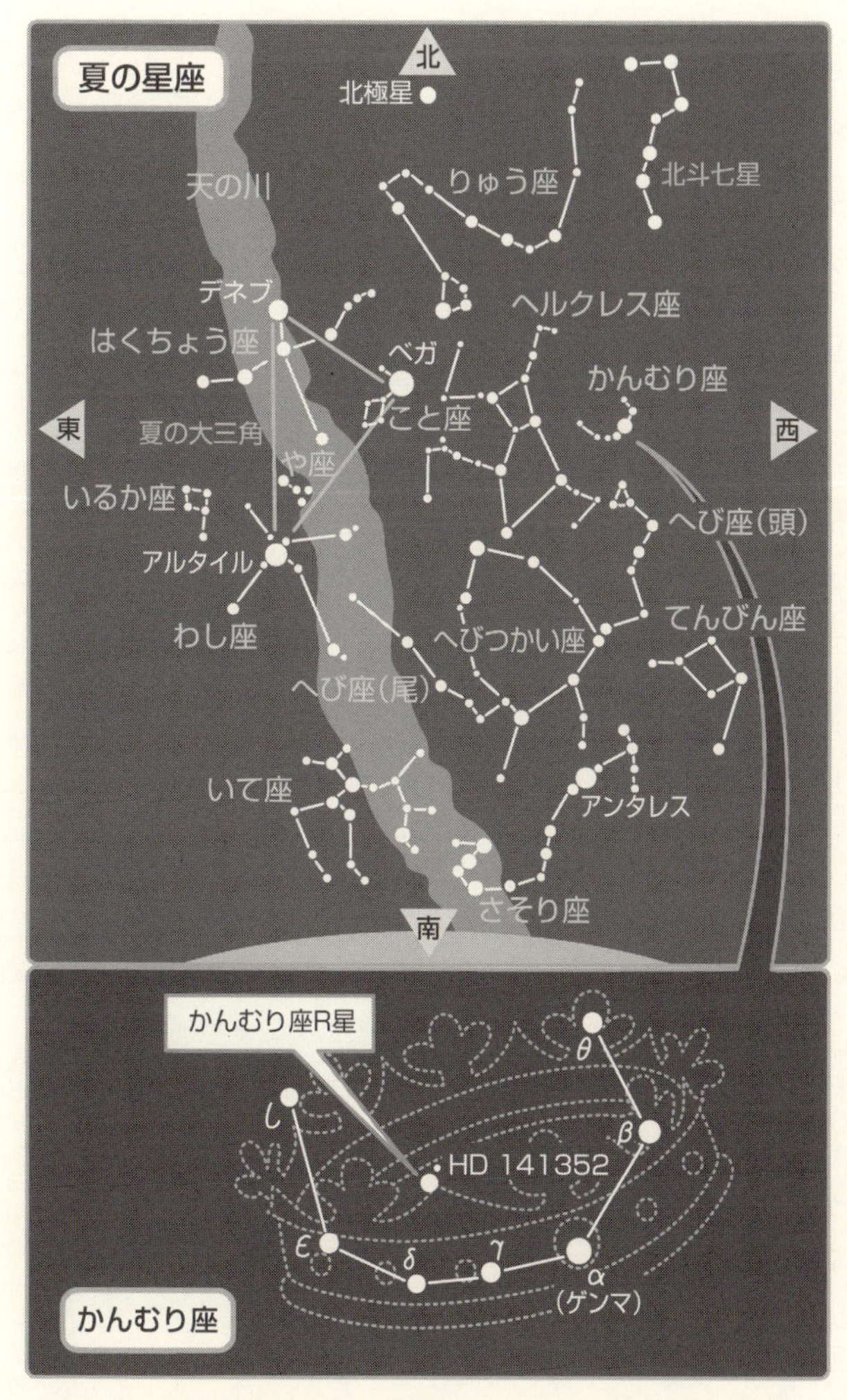

図4－1　夏の星座（上）と、かんむり座の中のR星の位置（下）

図4-1では、七つの星で囲まれた中にとりあえず二つの星だけが描いてあります。もちろんこの範囲にはほかにもいくつも星がありますが、その中で一番明るいのがR星です。6等星ですが、双眼鏡を使えばすぐにわかります。見つからない場合は次のようにしてください。アルファ星とイオータ星を結んでみましょう。次は、シータ星とイプシロン星を結びます。この2本の線の交点にあるのがR星です。わかりましたか？　これでも見えなかったら、これからお話しする不思議なことが起きている最中だと思います。

R星は6等星といいましたが、じつは、急激に暗くなることがあるのです。最も暗くなると、14～15等星にまでなります。家庭によくある双眼鏡の限界等級は11等程度なので、R星がこれより暗くなると双眼鏡を使っても見えなくなってしまいます。しかも、この減光現象は周期的に繰り返すわけではなく、突如として起きます。

観察法はいたって簡単。毎日この星に双眼鏡を向け、見えたか、見えなかったか、それだけを記録すればいいのです。減光現象がいつ起こるのか予測がつかないので、わくわくしながら観察できます。初心者には最適の天体観測テーマです。なお、減光時には図4-1ですぐとなりに描いてあるHD　141352という7等星と見間違えないようにご注意ください。

では、天文部での観察はどうだったのでしょうか？　生徒たちは1993年の6月から9月まで観察をしました。R星が見えなくなることはありませんでした。翌年の6月に観察を再開した

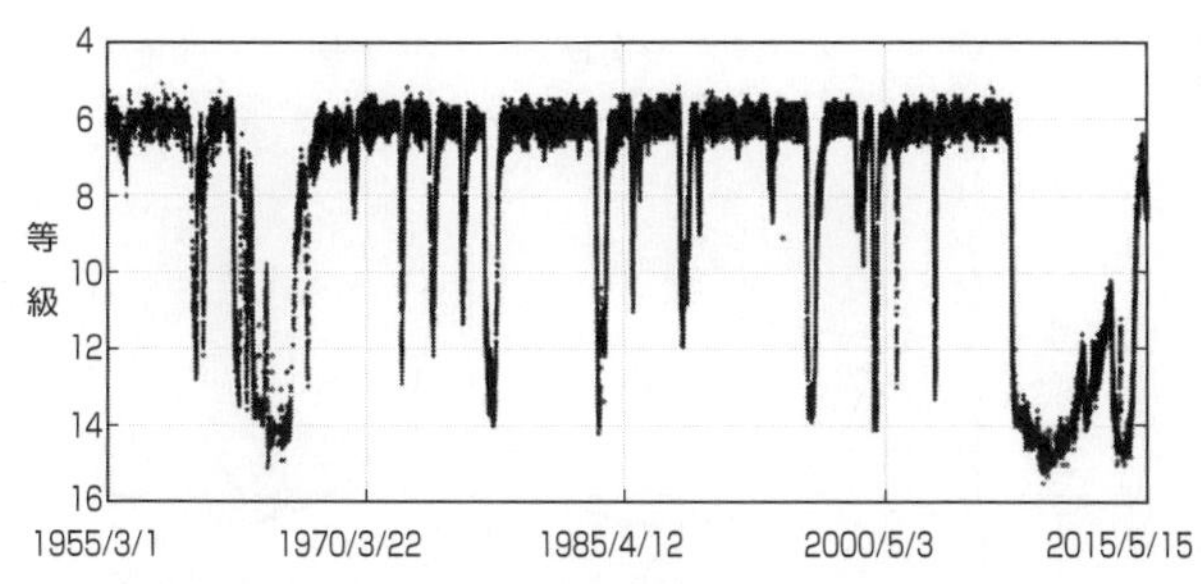

図4－2　かんむり座R星の光度曲線（1955年から2015年）
（www.aavso.org）

ときも、ちゃんとR星は確認できました。

ところが、ある女子生徒が「昨年の最後に見たときより、きちんと見えている」と記録していました。じつは、1993年9月に、R星はちょっとした減光を起こしていたのです。期間は1ヵ月ほどで、減光もわずかに1等ほどだったのですが、生徒の観察力と記憶力には脱帽です。ちなみに彼女が使っていた双眼鏡は、3㎝という小さなものでした。

●◎◆ヘリウムと炭素が異常に多い星

かんむり座R星が突然暗くなることに最初に気がついたのはイギリスのエドワード・ピゴットで、1795年のことです。その後の半世紀ほどは断片的な観測しかありませんが、そのあとは現在まで、この星の明るさが記録されています（図4－2）。

かんむり座R星は、地球からの距離は約4500光年です。約0・8～0・9太陽質量ですが、85太陽半径とかなり大きく、表面温度は6750度です。スペクトル型はFの超巨星で、AGBの段階を過ぎた**ポストAGB**とよばれている段階にあると考えられています（くわしくはあとでお話しします）。1923年には減光時に輝線スペクトルが観測されました（当時は可視光のみの観測です）。輝線については第1章を思い出してください。星を取り囲む薄いガスの存在が、その原因のひとつでしたね。

この星の特徴は、突然の減光のほかにもあります。きわめて不思議な化学組成をしているのです。第2章で、星は水素ガスのかたまりだと思えばいいと書きましたが、その例外のひとつが、このかんむり座R星なのです（図4－3）。

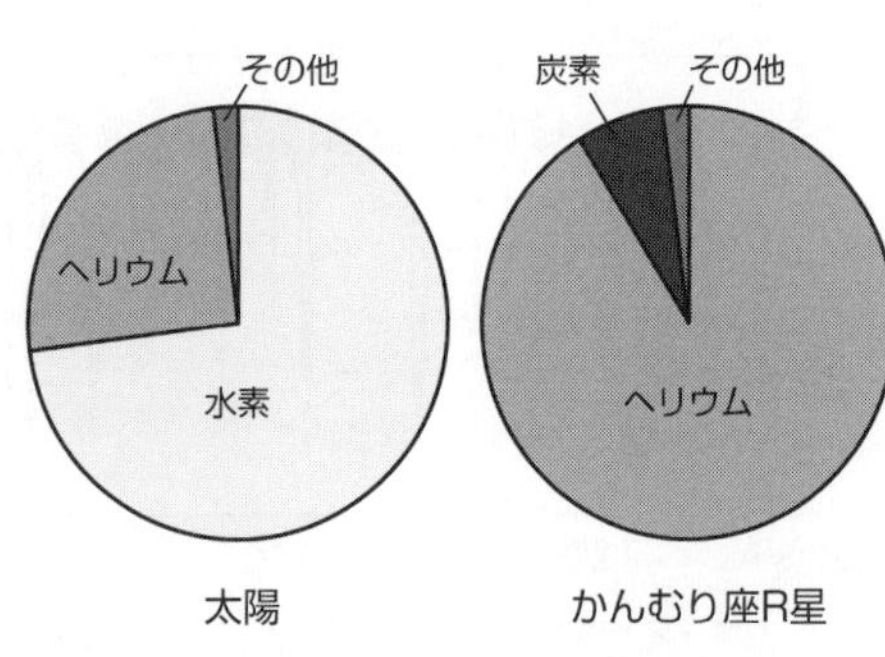

図4－3　太陽とかんむり座R星の組成の比較

1935年、アメリカのルイス・バーマンが、R星は水素がかなり少なく、むしろ炭素が多い星であると発表しました。1961年には別の研究者が、さらにくわしく調査しました。それによると大気の組成は、質量の比率ではヘリウムが全体の91%なのに対し、水素は0・05%しかありませんでした。一般的な星は水素のかたまりであるとすれば、これだけでも異常な星であることがわかると思います。残りの9%近くは金属になるわけですが、そのうち75%を炭素が占めています。このように炭素が多い星は、**炭素星**ともよばれます（ちなみに、ヘリウム星というのも別にあります）。

とりあえずここでは、R星はヘリウムと炭素が多い、尋常ではない化学組成を持った星ということを知っておいてください。

◆暗くなるのはこういう理由だった！

さて、話を戻しますと、R星が見せる突然の減光は、じつに奇妙なのです。たとえば連星系には、片方の星がもう一方の星に隠されて減光する食連星という天体があります（第9章で登場します）。ただし食連星の減光は、とても規則正しく周期的に起こります。ところがR星の減光は、まるで気まぐれなのです。絶対に食連星ではありえません。もしR星が食連星ならば、私は頭をまるめて山にこもります。だったら、減光の理由はいったい？　さあ困ったぞ。じつはこの問題、100年以上も天文学者を悩ませてきたミステリーなのです。

解明の手がかりは、20世紀の観測によって得られてきた情報にありました。突然減光の理由として1930年代後半に提唱されたのが、暗い時期に見られる輝線スペクトルと、炭素の多さを結びつけたモデルです。そして基本的には現在も、これで説明がなされています。

このモデルによれば、なんとR星の正体は――タコだったのです！

というのはもちろん冗談ですが、まるでタコのような星なのです。

まず何らかの原因で、R星からガスが噴き上げられます。薄いガスが星の上に浮かび上がります。これがスペクトルに輝線が現れる原因です。そして、このガスには炭素が含まれています。炭素が宇宙空間に放出されると冷却されて、分子になります。さらに冷却され、凝縮されるとダスト（固体）になります。炭素が固体になったものは石墨（グラファイト）ですが、その微粒子なので、まさに墨です。R星はこの墨の雲に覆われて、減光すると考えられます。いわば墨による「食」現象です。墨を吐いて自分自身を隠してしまう、まるでタコではないですか！（いちおう言っておきますとタコの墨は炭素の墨ではなく、メラニン色素なのですが）

やがて観測技術の進歩により、可視光以外の電磁波でも、R星が分析できるようになります。1960年代になると、R星から赤外線も放射されていることがわかり、その源は炭素の雲であると考えられました。タコモデルが提唱されて30年後に、炭素雲の存在が間接的ながら確認されたのです。この雲がじょじょに消散すると、R星の明るさも回復するというわけです。

●◎◆おみごと！　ダストの雲の撮影に成功

タコモデル、つまり星の手前を墨の雲が隠すというモデルで、突然減光の謎が大まかには解明されていましたが、2009年4月、ハッブル宇宙望遠鏡はついに、この雲の撮影に成功しました。撮像したのは、オランダはユトレヒト大学のS．V．ジェフェーズら。彼らが取得した画像が、カラーページのFile6です。そして、そのわずか2週間後にも、やはりハッブルで撮影したグループがありました。かんむり座R型星を30年近く研究しているルイジアナ州立大学のジェフリー・クレイトン率いるチームです。図4－4をご覧ください（右側のstarとある星は無関係）。矢印のついたものが墨に相当するダスト雲です。みごとです。

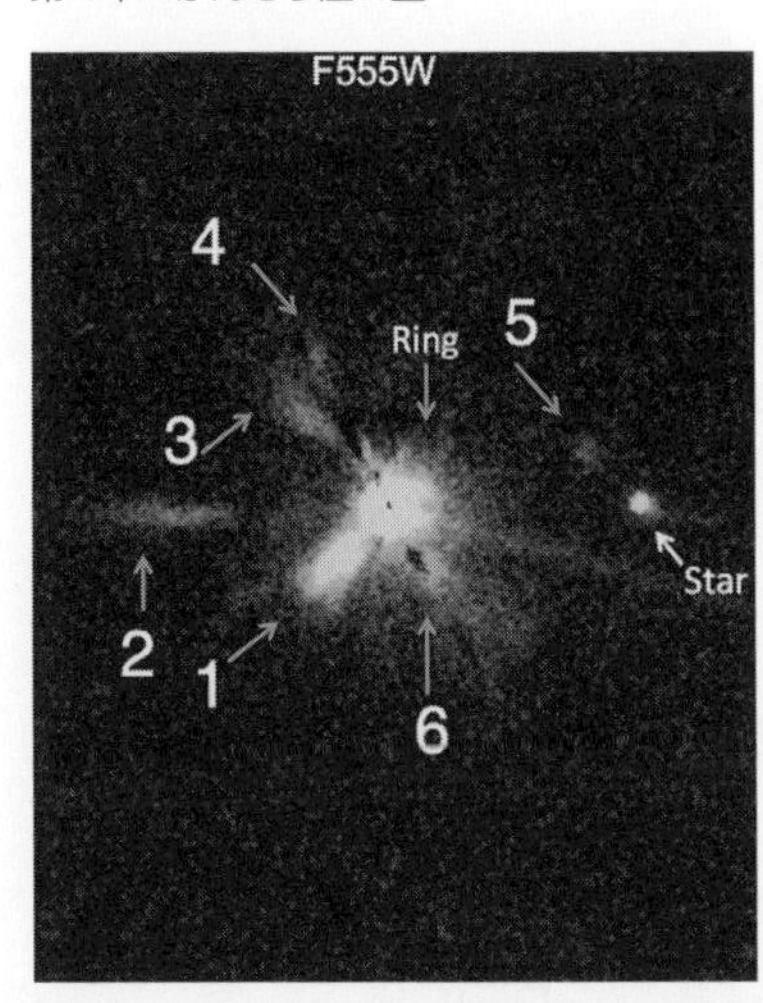

図4－4　ハッブル宇宙望遠鏡がとらえたR星のダスト雲
（Clayton, G. C. et al. 2011 ApJ, 743, 44）

雲の形を見ると、彗星のように尾を引いているように見えます。これはR星から吹いてくる星風になびいているからです。

R星の周囲の様子は、研究者によって少しずつ異なるモデルが提唱されています。図4－5はジェファーズらが、ハッブルと地上望遠鏡でのデータから考察したモデルです。

R星がハッブルや地上望遠鏡で撮影されたのは、ちょうど暗くなっていた時期

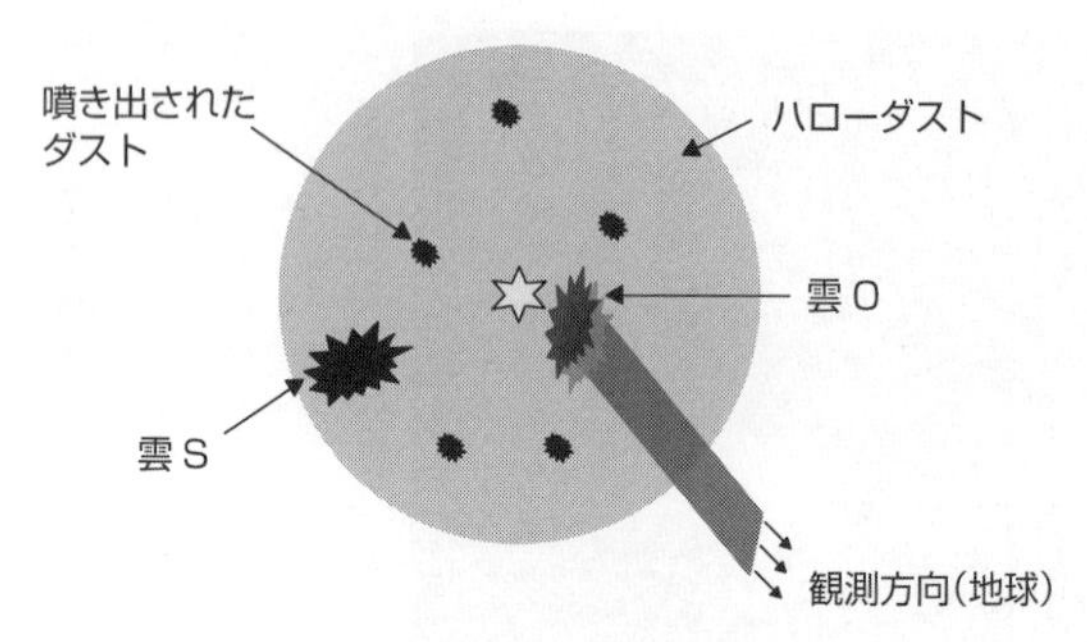

図4－5　ジェファーズによるR星の周囲のモデル
(Jeffers, S. V. et al. 2012 AA 539, A56)

なのですが、雲Oは現在まさに、R星の手前にあって、減光を引き起こしていたものです。雲Sは図4－4の矢印の1番に相当するもので、その大きさは700天文単位ほどになり、R星から2000天文単位離れたところにあります。ハローダストとは、R星からつねに吹いている風で飛ばされているものです。クレイトンらは、このダストはじつに14光年も先まで広がっていると指摘しています。

R星のようなタコ星、すなわちダストの雲によってときどき減光する星は、ほかにも見つかっています。ただし、数は少なく、天の川銀河に見つかっているものは100個ほどです。R星がプロトタイプなので、これらはまとめて**かんむり座R型変光星**とよばれています。レアなタイプとは、前にもお話ししたように星の生涯の中でその期間が短いことを意味しています。

◎◆星の生涯についての大事な話

さて、R星が突然暗くなる謎はこのようにおおむね解けたのですが、この星にはもう一つの謎が残っています。異常な化学組成です。水素がほとんどなく、ヘリウムと炭素が多いという問題は、第2章で紹介した「ミショーのモデル」では説明ができません。

では、どうして?

ここで、星が誕生してから死ぬまでの、星の生涯について簡単にお話ししましょう。別の章でもお役立ちの情報なので、ここはしっかり読んでくださいね。ただし、星の進化の理論ならよく知っているという方は、ここは飛ばしていただいてもかまいません。

天文学では、星の生涯にわたる変化のことを「進化」とよんでいるのは前にも述べたとおりです。星は巨大なガスのかたまりにすぎないのですが、その進化は意外なことにかなり複雑です。星の進化研究は1冊の本ではまとまらないほど、けっこう難解な学問なのですが、ここではごくごく簡単に説明します。まず、進化のダイジェストをお話しします。

星は星雲で誕生します。ひとことでいうなら、星雲内のガスが自分の重力で集積してできるのが星です。ガスがどんどん集まっている段階を**原始星**といいます。星雲からのガスの集まりが終了した段階を、星の誕生とみなします。ここからは**前主系列星**とよばれます。人間にたとえると、原始星は胎児で、前主系列星は赤ちゃんから成人式前といったイメージでしょうか。やがて、一人前の星になったものが、主系列星です。星雲のガスがほとんどなくなると、成人式を終えたばかりの兄弟の星が集まっている状態になります。宇宙の大学、すばるに代表される散開星団でしたね。

散開星団の個々の星は、それぞれ固有の運動をしています。その動きはだいたいそろっていますが、厳密には一つ一つの星で違っています。そして、天の川銀河の中心を回転するうちに、それらはついには、ばらばらになってしまいます。人間の兄弟もやがては離れていくようなものです。太陽も、この天の川銀河のどこかには、同じ星雲でいっしょに生まれた兄弟がいるはずです(ちなみに太陽はいまちょうど人生の真ん中で、私と同じ〝おっサン〟です)。

星の進化を決める最大の要素は、質量です。端的にいいますと、星は生まれたときの質量で人生が決まってしまうのです。ここからは、太陽とほぼ同じ質量の星の後半生を見ていきます。

長い時間が経過すると、星もやがて老齢期を迎えます。年をとると、星は急激に膨張して表面温度が下がり、赤くなります。赤色巨星の時代です。さらに進化が進むと星は、今度は明るくなります。お年寄りになると、星は明るくなるのです。退職して人生をエンジョイしているイメージでしょうか。

赤色巨星はけっこう複雑な進化経路をたどるのですが、その後期の段階にあるのがＡＧＢ星です。ミラの主星がこれでした。あのように脈動変光星となり、星風などで周囲に物質を噴き出します。時期によっては、1年あたりに地球質量の10倍もの物質を放出するときもあります。

どんどんガスが放出されると、AGB星の中心部はむき出しになります。中心星は高温なので紫外線の強度が高く、そのため周囲にまき散らされたガスが蛍光を発します。直径1光年ほどの巨大な宇宙のシャボン玉です。この状態の天体も「星雲」といいますが、昔の初期的な望遠鏡で観察すると、まるで惑星のように丸く見えたので、**惑星状星雲**とよばれています。とはいえ物理的には惑星とはまるで違いますので、注意してください。

老後にひと花咲かせた、きれいな惑星状星雲ですが、それが見えている期間はわずか1000年から数万年です。やがて、中心部に残された星はどんどん暗くなります。紫外線の強度も下がるので、周囲のガスも光らなくなり、星雲時代を終えます（星雲が宇宙に拡散していって見えなくなるのではありません）。表面温度は高いのですが、暗い暗い星となります。これが高密度な星である、白色矮星です。ミラの伴星はこのタイプの星でしたね。じつは、この白色矮星がR星の謎解きのキーワードの一つです。しかと覚えておいてください。

ところで、「惑星状星雲の中心にある星は、白色矮星である」と書いてある本があります。ネットで検索できる百科事典にもそう書いてあるものがあります（2016年5月現在）。でも、これは厳密にいうとちょっと違っています。惑星状星雲の時代の中心星は、白色矮星よりずっと光度が高い星です。

星の一生は、たとえば太陽質量だと110億年程度の寿命ですが、そのほとんどを主系列で過ごします。そのほかの、星雲から主系列まで（太陽質量だと3000万年）、主系列からAGB星まで（太陽質量でざっと11億年）、あるいはAGB星から白色矮星まで（太陽質量で1000万年ほど）の行程は、星の一生からみれば、つかの間のできごとです。

◆星の一生で内部の反応はこう変わる

以上が太陽程度の質量を持つ星の一生ですが、なぜこういった変化をするのかを、次は星内部での反応などにもふれながら、もう少しくわしく説明します。

胎児の段階である原始星や、赤ちゃんからティーンエイジ世代の星である前主系列星は、自分自身の重力で収縮していきます。やがて高温になって、光を発します。星の中心に向かってガスが落ちるというイメージなので、位置エネルギーが熱や光のエネルギーに変換されるという言い方もできます。

これに対して、成人した主系列星が光を出すメカニズムはまるで違っています。それは原子力のエネルギーなのです。もっと正確にいうと、星中心で起きている**核融合反応**という現象によります。プロセスは省略して結果だけを書くと、水素の原子核（つまり陽子）が四つ合体して、ヘリウムの原子核一つを合成するという反応が起きています。このときにエネルギーが発生するのです。

中学の理科で、化学反応の前後では関係した物質の質量は同じであるという質量保存法則を習いました。ところが、原子核の反応では、この法則はなりたちません。いまの反応では、水素原子4個の質量よりも、ヘリウムの原子1個のほうが0・7％軽いのです。

あれ？　どうして？　じつは、この減った質量がエネルギーに化けるのです。ここで登場するのがアインシュタインです。**相対性理論**ですね（正確には特殊相対性理論です）。超有名で、じつにシンプルな方程式

$$E=mc^2$$

です（安心してください。本書に登場する方程式はこれだけです）。Eはエネルギー、mは質量、cは光の速度です。この式、私にはなんともエキゾチックに感じられます。

この式の要点は、エネルギーと質量は互いに姿を変えられるということです。水素→ヘリウムの反応で減じた質量がエネルギーとなり、星が輝きます。この反応は星の中心部の温度が1000万度を超えると起こります。星のまさに中心部で起きている反応です。こうして核融合反応が始まると、星は一人前の星、主系列星となるのです。

この水素→ヘリウム反応は、じつは人間にも起こすことができました。それが悲しいことです

が、兵器として開発された水素爆弾です。ひとことでいえば、星は水爆なのです。水爆は一瞬で爆発して終わりですが、星の中心部での核融合反応は、長時間続きます。太陽質量の星では、約100億年も継続します。

さて、核融合反応が進行していくと、中心部にはヘリウムが増えていきます。しだいに中心部は、ヘリウムの芯のようなものになります。この芯はコアとよばれます。星の進化のうえで、このコアと、それより外層は明らかに区別して考える必要があります。

ある時期になると、ヘリウムのコアは自分の重力で収縮します。これを重力収縮といいます。すると、そのすぐ外側の圧力が小さくなります。星は中心にいくほど圧力が高くなっている構造で安定するので、ではどうなるかというと、そのさらに外側が、圧力のバランスをとる（小さくする）ために膨張します。こうして、星は巨星となるのです。

膨張にエネルギーが使われてしまうので、表面温度は下がり、星は赤くなります。HR図でいえば右に移動します（図4－6）。だから老齢期になると、星は大きく赤くなるのです。

老齢期の中でも次の段階では、星は明るくなります。HR図でいえば上向きに移動します。ますますヘリウムのコアが重力で収縮してエネルギーが多量に発生し、また、外層では対流が起こるのですが、このタイプの星ではそのエネルギーを効率よく表層に運ぶことができるからです。

ヘリウムのコアがさらに重力収縮して温度が1億度を超えると、ついにはヘリウムが核融合反

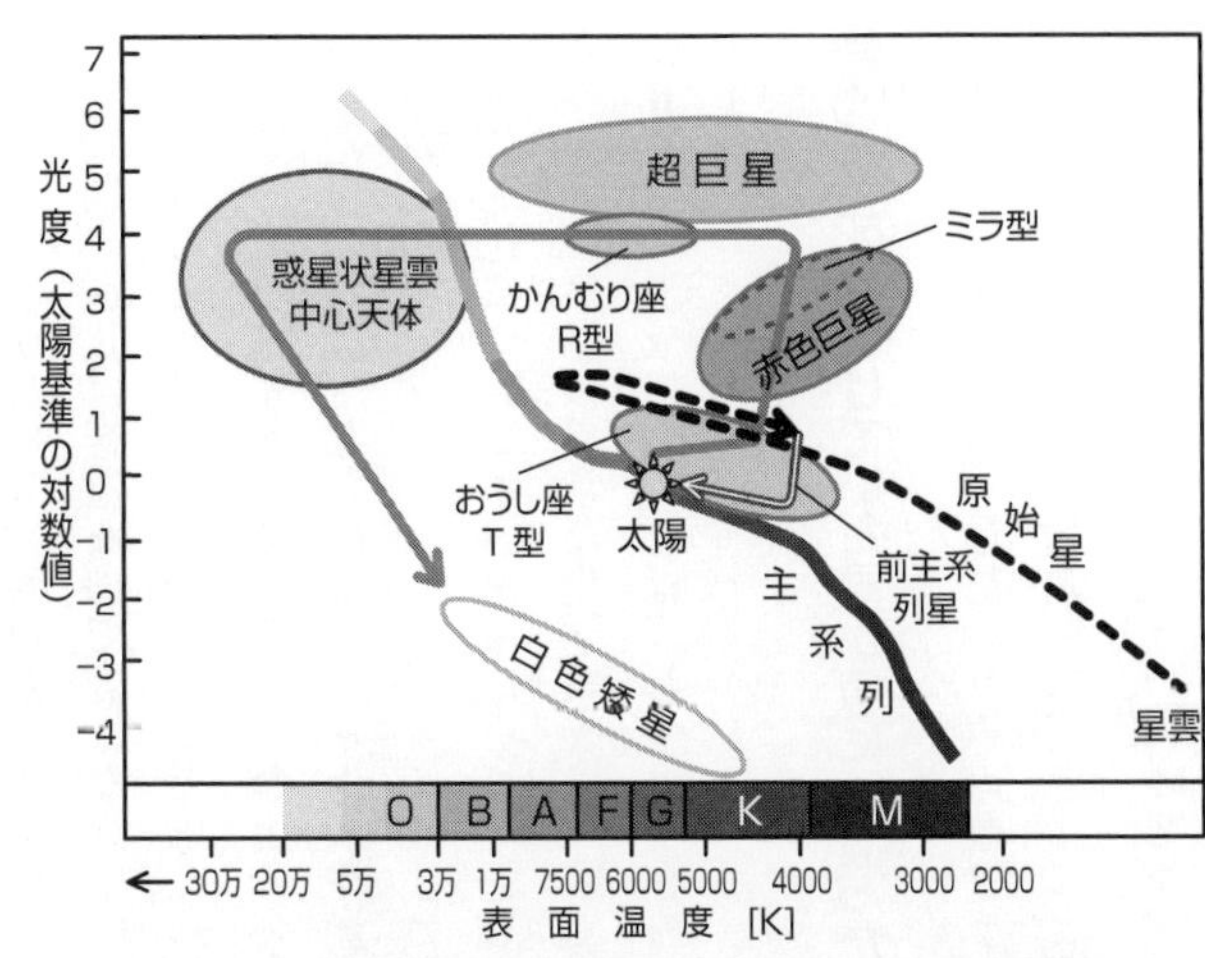

図4－6　太陽質量の星のHR図上でのおおまかな進化経路
（星に含まれる金属の量によっても経路は変わってくる）

応を起こします。ヘリウム原子核3個が融合して、炭素の原子核が形成されます。さあ、いよいよ炭素が登場してきました。このあたりから核心に近づいていきます。読者のみなさん、ファイト！　ファイト！

このヘリウムの反応で形成された炭素原子核1個に、さらにヘリウム原子核1個が融合する反応が起きると、酸素の原子核が1個つくられます。

合成された炭素や酸素は、ヘリウム中心部のさらに内側でコアを形成します。進化が進んだ星の構造は、まず真ん中に炭素や酸素のコアができて、その外側にヘリウムの核融合反応が起きる層ができます。その外側はヘリウムの層です。さらにその外側は、水素の核融合反応が起きている層、そして最も外側を、主に水素からなり、対流が起きている外層が取り巻きます。

老齢期の進化は複雑なので詳細な途中経過は割愛しましたが、AGB星になると、その内部はこのような多層構造になっていると考えられています。さらに進化して外層を周囲にまき散らしてしまうと、惑星状星雲の中心天体となるわけです。惑星状星雲の中心星や白色矮星は、取り残された星のコアでしたので、ヘリウムや炭素などが多くなっていることはおわかりいただけるかと思います。

星の進化についてずいぶん長くおつきあいいただきましたが、お待たせいたしました。ここからやっと、R星の異常な化学組成についての謎解きです。ヘリウムと炭素が異常に多いかんむり座R型星の形成については、じつは現在のところ、おもに二つの説があります。順に紹介しましょう。

◎◆死にかけていた星が急に若返った?

まず紹介するのは、最終ヘリウム殻フラッシュで説明するアイディアです。AGB星では、ヘリウムの核融合反応が暴走的に起きることがあります。これを**ヘリウム殻フラッシュ**（熱パルス）といい、このとき炭素などが大量に合成されます。ヘリウム殻フラッシュは何万年、何十万年に一度の間隔で、何十回も繰り返されます。星の内部で合成された炭素は、繰り返されるヘリウム殻フラッシュの合間に、対流によって星の表面にまで移動してくると考えられています。こうして炭素星が形成されるというわけです。

ところが、進化が進んで惑星状星雲の中心星となり、もうすぐ人生の末期状態である白色矮星になっておしまいか、という段階になって、ヘリウム殻フラッシュが起きる場合もあります。その割合は10～15％なのですが、これが起きると、なんとＡＧＢ星に逆戻りするのです。それも、星の生涯としてはきわめて短い時間にです。たとえば、18年で１万倍も輝きを取り戻したケースもあります（後述の櫻井天体）。なんとも奇妙なこの現象は、**最終ヘリウム殻フラッシュ**といいます。

ＨＲ図上で、ＡＧＢを過ぎて、何万年もかけてゆっくりゆっくりと歩んできた経路を、きわめて短期間に逆戻りして、また輝きを取り戻す。まさしく若返り、臨死体験です。人間にも最終ヘリウム殻フラッシュと同様の現象があったらいいと思いませんか？

再びＡＧＢに戻った星は**再生ＡＧＢ星**とよばれます。老後の人生を再びエンジョイ。じつは、かんむり座Ｒ型星はこの再生ＡＧＢ星だというのがこの説で、１９９６年に提唱されました。

ちなみに、ほかにも最終ヘリウム殻フラッシュが起きた星といわれているものがあります。**や（矢）座ＦＧ星**や、わし座Ｖ６０５星、そして、水戸市のアマチュア天体観測家、櫻井幸夫さんが１９９６年に増光を発見した**櫻井天体**（いて座Ｖ４３３４星）などです。１６７０年に出現したこぎつね座CK星も同類とする説もあります。ただしこの星は、第5章で登場するいっかくじゅう座V838型星であるという説などもあって、これまた謎多き星となっています。

◉◆二つの白色矮星が合体した?

かんむり座R型星形成のもう一つの説が、白色矮星合体説です。なんと、単独のAGB星であるR星が、かつては白色矮星どうしの連星系だったというのです。

白色矮星にヘリウムや炭素が多いことは先に説明しましたが、ひとくちに白色矮星といっても種類があります。そのうちかつてはほとんどがヘリウムでできていた白色矮星と、炭素がとても多い白色矮星が接近し、合体して形成されたのがかんむり座R型星である、というわけです。

この説は1984年に提唱されました。これでもR星にヘリウムや炭素が多いことは説明できますし、やはり若返りであることは同じですね。

では、この二つの説、どちらが正しいのでしょうか? どちらにも一長一短があり、じつは、いまだに決着がついていません。たとえば、以下のような議論があります。

再生AGB星の周囲には、惑星状星雲が形成されます。R星のまわりには、ダストが取り巻いていて、シェルとよばれています。これらが同じようなものであれば、最終ヘリウム殻フラッシュ説(R星は再生AGB星であるとする説)が有利になるわけです。はたしてどうでしょうか。

まず、構造は、再生AGBの惑星状星雲も、R星を包んでいるダストのシェルも、どちらも双極状の構造をしているという類似点が見られます。ところが、大きさが違います。再生AGBの惑星状星雲は、ダストのシェルより1桁もサイズが小さいのです。

また、惑星状星雲は電離しているガスですが、R星のシェルの構成粒子は電離していません。さらに、もし再生AGBであるなら、シェルは水素に富んでいるという理論があります。そこで、世界最大級の口径305mアレシボ電波望遠鏡による観測がおこなわれ、そのデータが検証されたのですが、シェルに水素は見られませんでした。どうやら惑星状星雲とは違うようです。

星の質量を考えると、白色矮星合体説のほうがさらに有利になります。再生AGB星の典型的な質量は0・55〜0・6太陽質量なのですが、R星の場合は0・8〜0・9太陽質量程度と見積もられているからです。

ところが、対立は続きます。最近の熱い議論のキーワードは、「酸素18」と「リチウム」です。最終ヘリウム殻フラッシュ説の場合は、リチウムが多くなります。一方の白色矮星合体説の場合は、酸素の同位体である酸素18が増えます。ではR星は、どちらが多いのでしょうか？

専門的になるので説明は省きますが、じつは、両方とも多いのです……。

う〜ん、困りました。しばらくの間は、議論の応酬が楽しめそうです。

謎多きタコ星、いかがでしたか？　吐き出す墨（ダスト）の形成に関して重要な研究対象であるばかりか、星の生涯でも短い時期にあるR星とその仲間たちは、貴重なサンプルです。期待されているこれからの研究に、みなさんも参加しませんか?

最初にお話ししたように、R星は小さな双眼鏡があれば初心者でも観察できます。今回は触れませんでしたが、突然減光が起こるタイミングと脈動周期には、ある関係がみられることが指摘されています。これも長年積み重ねられたデータの分析で発見されたものですし、継続調査は貴重な資料となります。さっそく今夜から、観察を始めてみてはいかがでしょう。

ところで、R星の観察をした高校の天文部員らとはその後、残念なことに音信不通になってしまいました。そして、2011年3月11日。ご存じのように石巻市にも大津波が押し寄せました。別の学年の元生徒からの連絡によると、親戚を亡くされた方や家が流されてしまった方もいたそうですが、私が勤務していたときの生徒さんが亡くなったという話はいまのところ聞いていません。かんむり座R星の名を耳にするたびに、あの生徒たちを思い出します。きっとどこかで無事にいてくれることでしょう。星空に東北の復興を願いたいと思います。

第5章 いっかくじゅう座V838星

すべてが規格外の美しき怪物

「4日前に発見された新星がどうもおかしい」。ＩＡＵに送られた1本の速報が、すべてのはじまりでした。目を疑う光度曲線とスペクトル、悪魔的なまでの巨大化、そして謎の大爆発。何なんだ、この星は!? 騒然とする地球人たちをよそに、ゴッホの「星月夜」にたとえられた美しき怪物は悠然と、得意のライトエコーを宇宙空間に輝かせるのです（カラーページ file 2）。

◎◆特異な新星？　新星ですらない？

「冬の大三角」。オリオン座のベテルギウスとおおいぬ座のシリウス、こいぬ座のプロキオンという三つの1等星を結ぶと、頂点が南側を向いた大きな逆三角形ができます。これが冬の大三角で、小学4年の理科の教科書にも出てきます。

この逆三角の中に、じつは一つの星座があります。いっかくじゅう座です。モデルになっているのは空想上の動物、ユニコーン。おでこからとがった角が飛び出ている馬ですね。星座絵では、上半身を冬の大三角の中に突っ込んで、右側のオリオン座のほう、つまり西側を向いているように描かれています（図5－1）。

このユニコーンのお腹に対応している部分（天球上でシリウスとプロキオンのちょうど中間に位置しているところ）、地球からは約2万光年先に、散開星団があります。確認されている星は40に満たない小さな星団ですが、そのうちの一つの星が、今回の主役です。2002年の年明けまでは、15・6等星の早期型の主系列星でした。ところが……。

「いっかくじゅう座の特異な新星」という気になるタイトルの速報が**国際天文学連合回報（IAUC）**の7785号に掲載されたのは、2002年1月10日のことでした。その4日前に発見された新星について、アメリカ・アリゾナ州にあるキットピーク国立天文台の2・4m望遠鏡でス

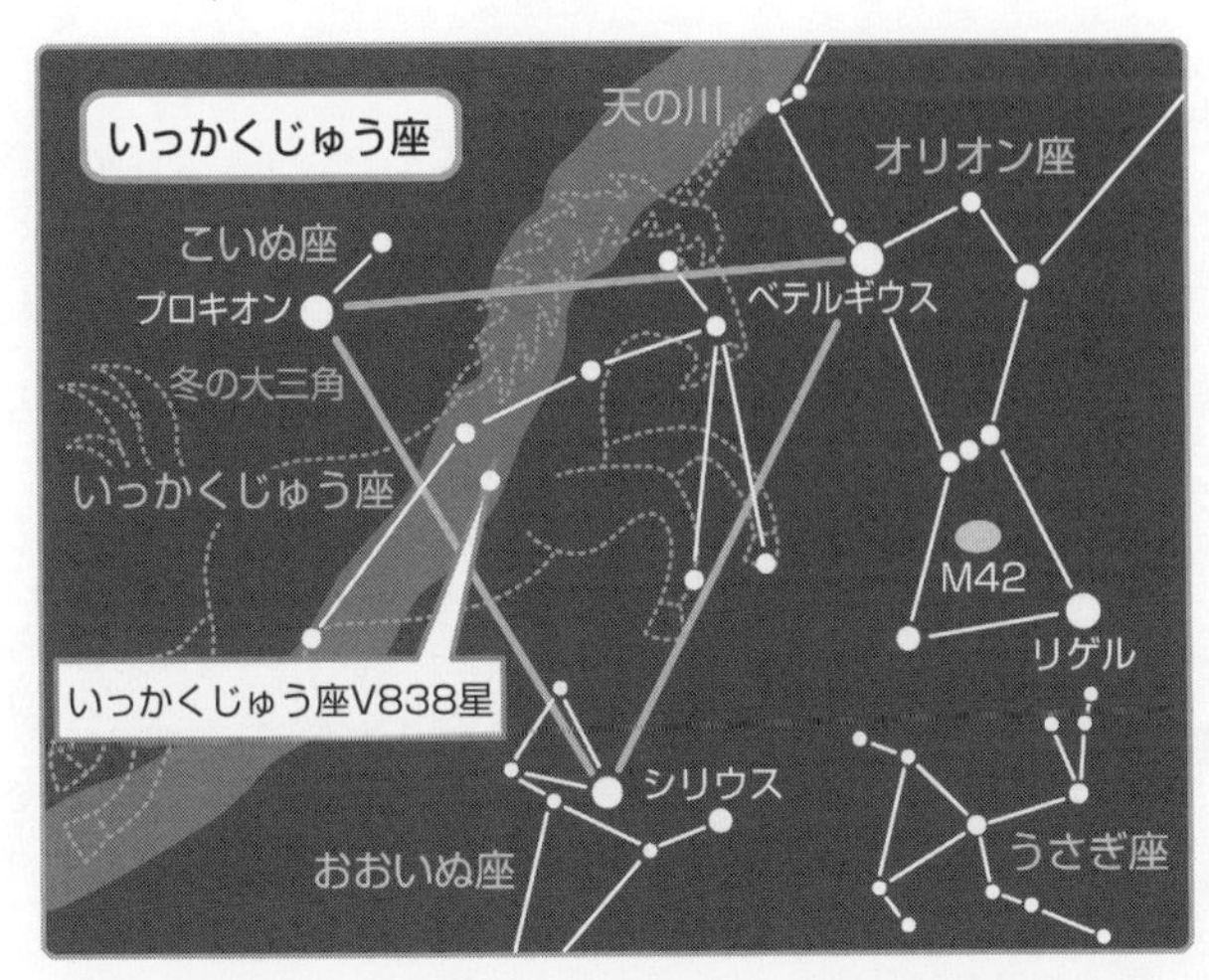

図5－1　いっかくじゅう座の中のV838星の位置

ペクトルを取得したところ、典型的な新星のスペクトルとは異なる特徴を示していたというのです。

さっそく世界中で、この星の観測が開始されました。ある天文台では測光観測が、また別の天文台では分光観測がおこなわれ、ＩＡＵサーキュラーにはたくさんの速報が流れました。

初期の段階では、この星は新星と考えられていました。新星も含め、とにかく明るさが変わる天体は変光星として扱われ、名前がつけられます。2月1日に、この新星は、**いっかくじゅう座Ｖ８３８星**と命名されました（以下はＶ８３８と記します）。Ｖは変光星の英語「variable star」の最初の文字です。８３８は、いっかくじゅう座の中では８３８番目に発見された変光星という意味です。

このV838、その後の観測により、ますます普通ではないことがわかってきました。どうも典型的な新星ではなさそうなのです。いや、新星かどうかさえ怪しくなってきました。

実際にどこが、どう変わっているのかをわかっていただくために、まずは典型的な新星の説明から始めましょう。

●◎◆「新星」は白色矮星の表面で起きる爆発

現在の天文学では、「新星」とは以下のような現象であると説明されています。

ミラのように、片方の星が白色矮星で、もう片方の星からガスが落ちてくる連星系があります。こういった連星系で、二つの星が接近している場合、相手の星から流れてきた水素ガスが白色矮星の周囲を取り囲み、降着円盤を形成します。この水素ガスが高温高圧になると、白色矮星の表面で暴走的に核融合反応を起こし、明るく輝きます。

地球から見ると、突然、星が出現したように見えるので、これを**新星**（ノバ）というわけです。しかし新星といっても名ばかりで、星が新たに生まれたわけではないのです。次章でくわしく説明する超新星もそうです。ただし、超新星は星そのものが吹き飛ぶ現象ですが、新星は白色矮星の表面での爆発です。この違いに注意しましょう（図5－2）。

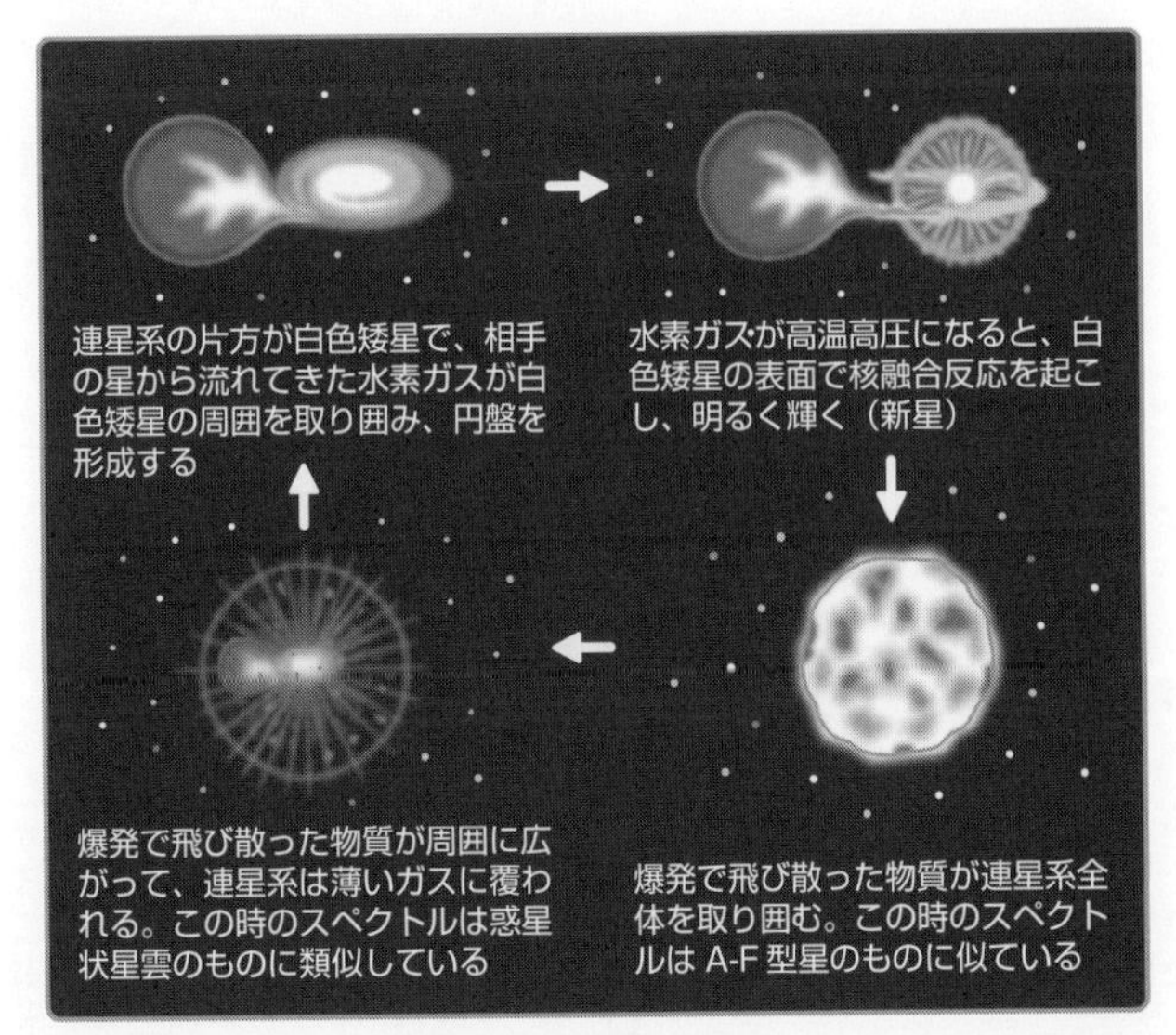

図5-2　新星とはなにか

新星の典型的なケースは、1975年にはくちょう座で1・7等の明るさまでになった、**はくちょう座V1500星**です。その真の明るさは、太陽の65万倍に相当します。図5-3はこの新星の光度曲線です。新星にも「個性」があるのですが、一般的にはこのように、急激に明るくなり、1日から数日後に明るさのピークに到達します。その後は、時間とともにしだいに暗くなっていきます。

また、新星のスペクトルは、ピークのときにはA～F型の星にそっくりで、減光してくるとしだいに普通の星とは違ったスペクトルになります。輝線が目立ってきて、惑星状星雲のそれに似てくるのです。この輝線は新星の爆発現象で広が

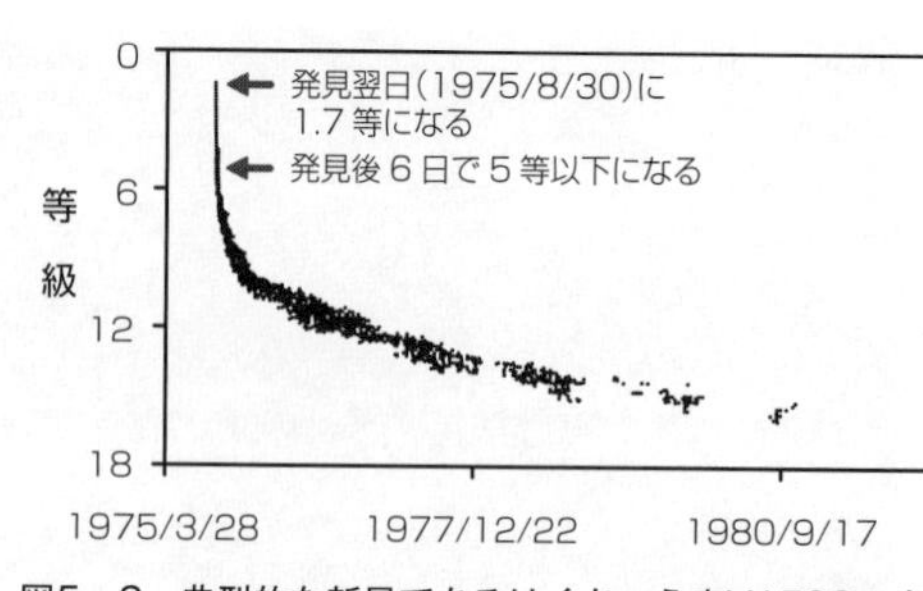

図5-3　典型的な新星であるはくちょう座V1500の光度曲線（AAVSO）

ったガスに由来するものです。前章でお話ししたように、惑星状星雲も薄いガスの広がりでしたね。

新星とは、通常はこんな特徴を持った現象なのです。

◆奇妙な光度曲線とスペクトル

さて、図5-4が、「謎の天体」V838の光度曲線です。まず10等程度の明るさで発見されてから、一般的な新星と違ってじわじわとしか明るさが増していません。ただし、明るさの変化が遅い**スローノバ**とよばれる新星のタイプがありますので、可能性の一つとして、その特殊なケースかもしれないと考えられていました。

V838の光度は、発見から十数日後に、9等台に達しました（ここではこの時期を「最初の丘」とよぶことにします）。その後はゆるやかに減光していったので、そのまま見えなくなるものと多くの関係者は予測していました。V838さん、さようなら〜。ところが、世界は驚いたのです。なんと最初の丘から20日ほど経つと、突然増光に転じて、2月11日頃には6・7等星となりました（以下は「第1ピ

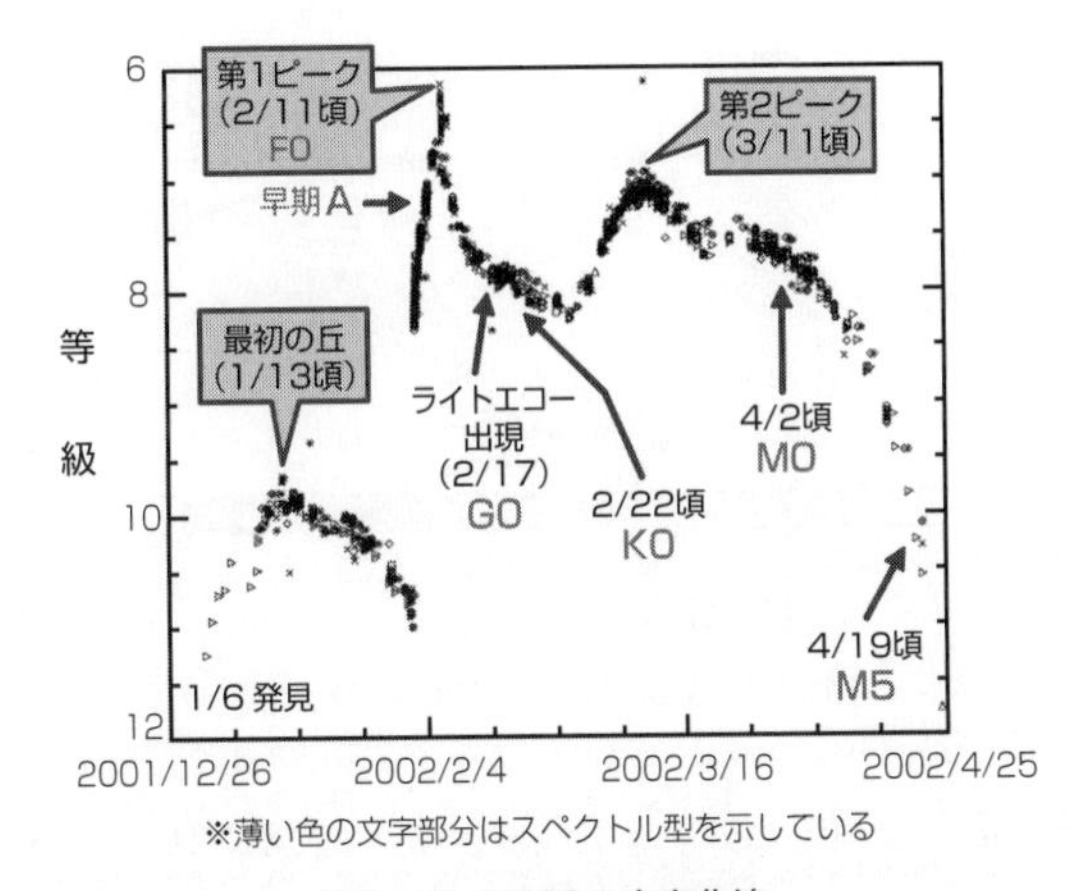

※薄い色の文字部分はスペクトル型を示している

図5－4　V838の光度曲線
（Retter, A. & Marom, A. 2003 MNRAS 345, L25を改変）

ーク」とよびます）。

地球からの距離は2万光年というはるか遠方ですが、距離の補正を施すと、このときは太陽の約１００万倍という途方もない明るさになっていたと考えられます。次章で登場するりゅうこつ座イータ星に匹敵する明るさです。この時期のV８３８は、天の川銀河では一番明るく、近傍の銀河の中でも最も明るい星の一つになったという研究者もいます。そのような大イベントを観測できるという幸運に現代の天文学者はめぐまれたわけです。

第1ピークのあとは、いったん急速に暗くなり、2月17日（発見から42日）を境にして、減光はゆるやかになりました。あとでくわしく説明する「ライトエコー」は、ちょうどこの変わり目の時期に出現します。ここからまた、

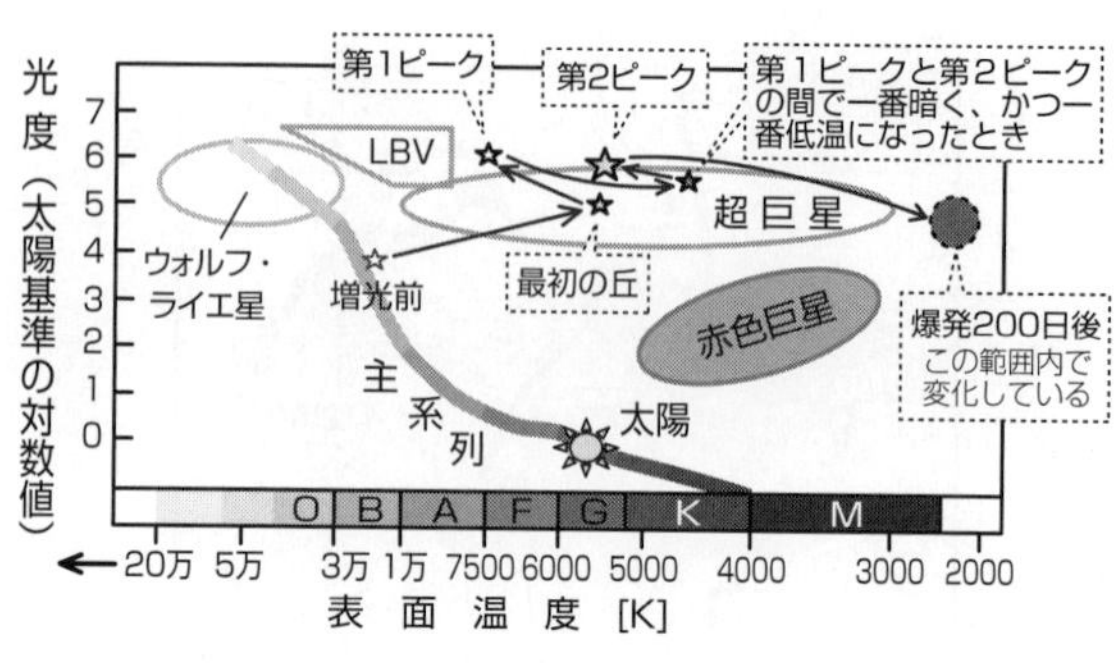

図5－5　V838のスペクトルの変化

びっくりすることが起こりました。発見から60日以上が経過した3月11日頃に、なんと、なんと、再び増光して、2回目のピークが現れ（以下は「第2ピーク」とよびます）、6・9等と、また明るさが復活したのです。ところが、4月になると、急激に減光してしまったのでした。

　このように、なんとも変わった光度曲線を持つ新星なのです。

　では、V838のスペクトル型のほうはどのように変化したのでしょうか。図5－5をご覧ください。

　まず、増光する前は、V838はB型の主系列星でした。あとで紹介するティレンダによると、8太陽質量、5太陽半径だったようです。第1ピークに向かう急増光時には、早期A型の巨星、そして第1ピークではF0でした。表面温度は7500度程度です。ここまでは、新星の特徴と大きく違いませんが、このあと、豹変します。

　第1ピークを過ぎたあと、どんどん低温の、つまり赤い星のスペクトル型に変わっていったのです。第1ピークを急激に駆けおりてG型に転じ、第1ピークと第2ピークの中間でK型に変わりました。第2ピークでは早期K型でしたが、しだいに晩期型となり、4月にはとうとうM型となり、急激な減光とともに、さらに低温の巨星になっていきました。

◎◆一時は悪魔的巨大さに

激しく変化したのは、明るさだけではありません。4月頃からは半径のほうも急激に大きくなって、その大きさはじつに3200太陽半径（15天文単位）ほどにまでなりました。もしV838星を太陽の位置に置くと、その表面は（これを太陽基準表面とよびましょう）土星の軌道をはるかに越え、なんと天王星の軌道にせまるほどになります。

ちなみに赤色超巨星で最も知名度のあるベテルギウスは、太陽基準表面はだいたい木星の軌道半径くらいです。では現在知られている最大の恒星は、どれくらいかご存じですか？　じつはあまりにも大きくて、よくわかってないのですが、ざっと2000太陽半径です。もちろん赤色超巨星で、太陽基準表面は土星軌道半径ほどです。V838星の爆発時が、いかに巨大だったかがわかります。

10月になると、ついにL型超巨星となりました。L型は、M型よりもさらに低温度の星のスペ

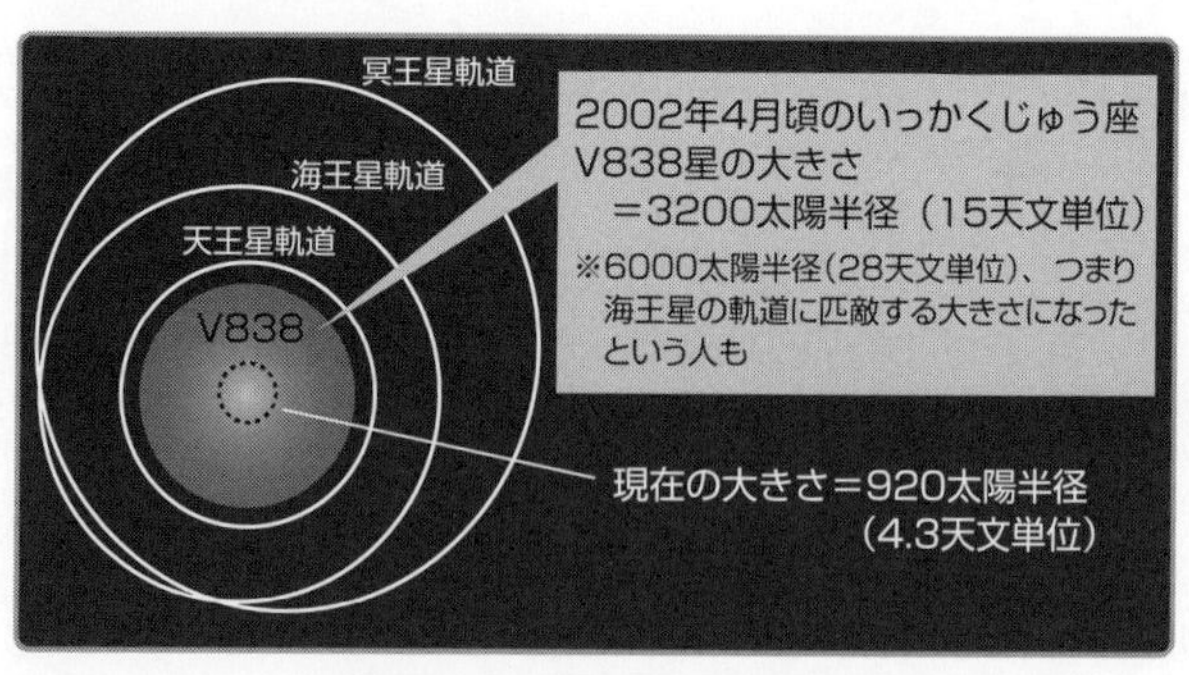

図5－6　V838の大きさの変化

クトル型です。V838の表面温度はついに2000度を下回り、核融合をしているものとしては、これまで観測されたなかで最も低温の星の一つになりました。

11月には、なんとそのサイズが6000太陽半径（約28天文単位）にもなったと考えている研究者もいます。これは太陽基準表面でいえば、な、な、なんと、海王星の軌道半径に相当します！（図5－6）バケモノ的大きさ、悪魔的巨大さです。まじかよ？　と言いたくなります。

その後は、一時的に表面温度が少しずつ上がり、2005年10月にはM6に戻りましたが、2008～2012年の観測では、表面温度はまた2370度に下がり、スペクトル型はL3となっています。一方、半径は小さくなりました。とはいえ、約920太陽半径（4・3天文単位）、太陽基準表面では木星の軌道よりやや内側程度なので、巨大であることには変わりありません。

このような光度曲線やスペクトル、そして大きさの変化から考えて、V838はとても普通の新星とは思えないのです。ほかにも、典型的な新星であれば説明が難しい点はいくつかあります。たとえば最大で太陽の100万倍と、べらぼうな明るさになったことです。さらに驚くのは、B型の主系列の星が爆発して赤色超巨星になったことです。そんなことがあるのでしょうか？　いや、絶対にありえません。B型主系列星も人生の後半では赤色超巨星になりますが、それには何千万年もの歳月が必要なのです。こんなに急に赤色超巨星になるなんて、見たことも聞いたこともありません。たとえていえば、ニワトリが自由自在に空を飛ぶようなものです。

それでもやっぱり新星爆発したのでは？　いえ、繰り返しになりますが、新星爆発の後半ではスペクトルは惑星状星雲に似るわけで、赤色超巨星のスペクトルにはなりません。それに新星爆発しても、そこには白色矮星や降着円盤が残るだけです。赤色超巨星が残るなんて、おかしすぎて私のかわいいおへそがお茶をわかします。

V838、超へんです。その正体はいったい何なのでしょうか？

◆諸説入り乱れる「爆発の理由」

V838の爆発の原因については、いくつもの説が出てきました。データがかなり出揃ってきた2005年になっても、やはり新星に類似した現象ではないか、つまり星の外層の水素が核融合して、激しい星風として吹き飛んだのではないか、という論文も出ています。

イタリアのアジアーゴ天文台の研究者らは、白色矮星の表面で起きた通常の爆発ではなく、65太陽質量、表面温度が5万度のウォルフ・ライエ星（第7章参照）の表面での爆発ではないかと考えました。ところがこの論文が出た直後に、問題点が指摘されました。爆発前のＶ８３８星は15等と、ずいぶん暗い星だったのですが、もし表面温度が5万度なら、もっとずっと明るく輝いていなければならなかったのです。ほかの欠点もあって、この説はあまり支持されていません。

第4章でも登場した、再生ＡＧＢ星となる最終ヘリウム殻フラッシュ説を提唱したアメリカの研究者もいました。爆発後に赤色超巨星になったことから出てきたわけですが、この説にもいくつも弱点があります。一つには、光度が太陽の１００万倍にもなった理由が説明できないことです。また、再生ＡＧＢ星なら炭素が豊富になるはずです。かんむり座Ｒ星の異常な炭素量を説明するために考えられたのが再生ＡＧＢ星説でしたね。ところが、Ｖ８３８の化学組成は、太陽のそれと大きな違いがないのです。

エネルギーの側面から見れば、新星説も再生ＡＧＢ星説も、つまるところ核融合起源のものです。しかしこれだと、Ｖ８３８のとてつもない輝きを説明することは難しくなります。

では、重力のエネルギーで考えたらどうでしょうか？　つまり、もとの星に何かが衝突して、エネルギーが解放されたと考えるわけです。つまり、何かをこの星にぶつければいいのです。さて、何をぶつけましょうか？

2003年にオーストラリアの研究者がぶつけた（もちろん思考上で）のは、ユニークなものです。彼らは惑星をぶつけることを提唱しました。

もとの星に木星質量の数倍もある巨大な惑星が飲み込まれた、という説です。それも三つの惑星がたてつづけに星に落下していったというのです。V838の光度曲線上に見られる三つのピークは、それぞれの惑星の落下の時期だというわけです。

彼らは、もとの星が赤色巨星ならこのモデルは成立するとしています。しかし、爆発前のV838は青い主系列星でした。それに、たて続けに三つの惑星が衝突するというのは、ちょっと都合がよすぎますよね。そもそも木星の数倍の質量の惑星3個分では、V838の爆発のエネルギーには2桁も足りないのです。

その後、2006年に彼らは、このモデルは一つの惑星の衝突でも説明できるという論文を出しました。星の中心部に落下する途中で、段階的に増光を起こしたというのです。落下した惑星は、最後は核で融けたとしています。

◆連星系の二つの星が衝突・合体した？

V838星の研究で奮闘しているのは、ポーランドのコペルニクス天文センターのロムアルト・ティレンダと、その共同研究者らです。彼らがぶつけたものは、惑星ではなくて、なんと星、つまり恒星です。星にもう一つの星をぶつけたのです。ぶつかって、最後は合体しました。連星系をなしている二つの星が衝突・合体したという説なのです。

その最初のモデルは2003年に提唱され、その後、改良が加えられていきました。2006年に発表されたモデルは、8太陽質量の主星（爆発を起こしたほうの星）と、0・3太陽質量程度、0・35太陽半径程度の小さな伴星が衝突・合体したというものです。

この合体説では、光度曲線上の三つのピークはどう解釈されるのでしょうか？

一言でいえば、何度も衝突が起きたというのです。伴星は主星のまわりを回っていたのですが、しだいにその距離を縮めていき、やがて運命の時が訪れます。2002年の12月末、とうとう最初の接触が起きました。直後に「最初の丘」の増光が起こったのです。

伴星の一部は崩壊しましたが、生き残った部分はまた周回してきて、1ヵ月後に再び主星に衝突して爆発。ここが第1ピークの時期となります。

さらに残った物質がまたまた周回してきて、数日後に再び衝突して、第2ピークでの爆発を起こします。これが、ティレンダらが主張するシナリオです。

ここで注意すべきは、合体によってB型の主系列星が突然、赤色巨星になったわけではないということです。小さな星が衝突して爆発が起き、星の外層が膨張していき、見かけ上、赤色超巨星になったとしているのです。赤色超巨星と同じスペクトル型を呈する星になった、というほうがいいかもしれません。したがって、いずれはB型星に戻っていくことになるでしょう。

では、このモデルではどうして、伴星は主星に近づいていったのでしょうか？　いいかえると、なぜ公転軌道が変化したのでしょうか？

●◎◆論争に決着はつかず

じつはV838には、衝突した星とはまた別の星が発見されています。2002年の10月、V838の増光がおさまったあとですが、前述のアジアーゴ天文台の研究者らが発見しました。1ヵ月後には、その星は16等のB3の主系列星であることもわかりました。つまり、爆発前のV838の本体にかなり似ている星です。むしろ、本体のほうがいくぶん質量が小さかったようなので、新たに発見された星を伴星とよぶのはいささかおかしな気がします。そこで、ここでは「アジアーゴの星」とよびます。

つまり衝突を起こす前は、V838は三つの星が周回する三重連星系だったことになります。アジアーゴの星の重力的な影響で、いまはなき小さな伴星の軌道が乱されてしまい、ついにはあの劇的な衝突を起こした、というわけです。

しかし、このアジアーゴの星にも謎があります。爆発した星からどれくらい離れているのかが、よくわかっていないのです。それどころか、衝突のあと、この星が消えてしまったというミステリー話まであるのです。今後の観測で真相が明らかになるのを待ちましょう。

ティレンダらはV838のほかに、1994年2月に出現していた、いて座V4332星と、2008年9月に出現したさそり座V1309星も、V838と同じような経歴を持つ天体と考えていて、これらを「**いっかくじゅう座V838型星**」と名づけています。「**高輝度赤色新星**（**LRNe**）」とか、単に「**赤い新星**」といういい方もあります。ところで、さそり座V1309星は日本人が増光を発見したものですが、私の職場のなゆた望遠鏡などによる分光観測で、新星状の天体であることを世界で初めて確認しました。当時の同僚の内藤博之さん（現在はなよろ市立天文台）による観測です。なゆた望遠鏡も、いっかくじゅう座V838型星の研究に貢献したのです。

ところで、このように星の衝突でそれまでの謎を解釈するというのが、ここ最近の恒星天文学界のトレンドなのです。今後も、多数の星、いろいろな現象が、じつは星の衝突・合体だったということがわかってくるかもしれません。

V838の増光の謎については、いくつもの説が出されて、侃々諤々の議論が続いているというのが現状です。2006年5月には、大西洋のカナリア諸島に属するラ・パルマ島で、V838だけの研究会も開催されたほどです。一つの星だけがテーマの研究会というのは、そんなに多くはありません。しかもこの研究会、4日間も開催されたのです。そこでも、再生AGB説、惑星衝突説、連星合体説のそれぞれが発表されて、議論されました。

結局のところ、現在では、連星合体モデルが多くの支持を得ているようです。ティレンダが論文の中でくわしく指摘しているように、新星説、再生AGB星説、惑星衝突説などでは説明できなかったことも、このモデルでは問題がないからです。しかし、この説にも弱点がないわけではなく、完全に謎が解明されたわけではありません。今後も研究は続きます。

◉◆ライトエコーとはなにか

さて、V838にはもう一つ、特筆すべきポイントがあります。それは、この星の周囲に発生した**ライトエコー**という現象です。

ライトエコーとは、直訳すれば「光のこだま」になります。直接は地球に届かず、一度、何かほかのもの（ここでは「寄与物質」とよぶことにします）に反射して地球にやってきた光のことです。新星や超新星など、一時的に放射された光についていう現象です。反射してくる分だけ、地球に届くまでにタイムラグが生じます。

図5－7の上のように、天体Nが突発的に光を出したとします。Nと地球とを結ぶ直線上をまっすぐ進んできた光（実線の矢印）が地球に届くと、天体Nの増光が確認されます。一方、天体

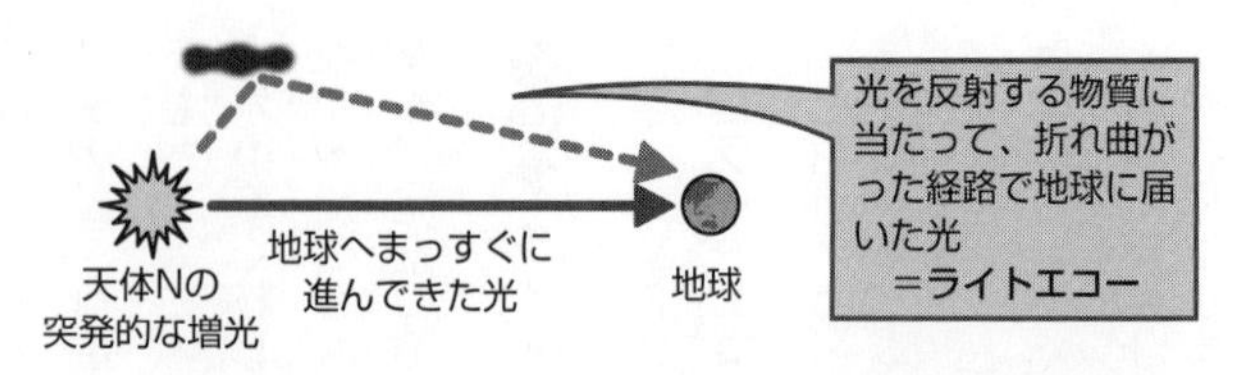

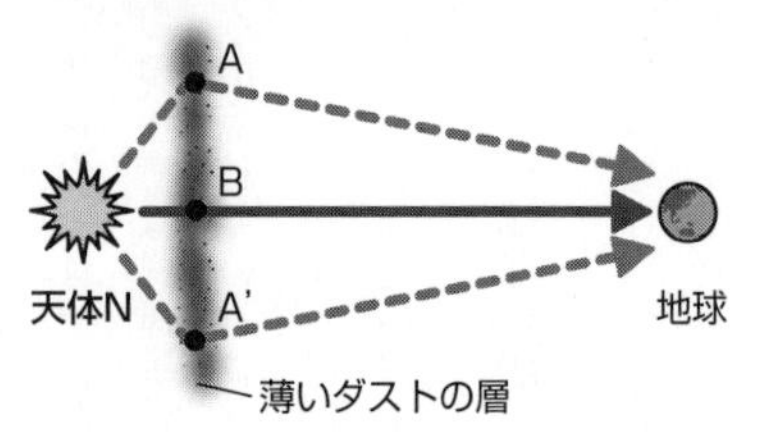

図5－7　ライトエコーとは

Nから出た光が地球のほうへ向かわない場合でも、途中に光を反射する物質があると、破線の矢印のように折れ曲がって地球に届く場合があります。ご覧のとおり、実線より破線のほうが長いので、破線の光は実線の光よりも遅れて地球に到達します。これがライトエコー現象です。

また、図5－7の下のように、天体Nと地球との間に薄いダストの層があると（この図では層の厚さを誇張して描いてあります）、ＢＡを半径とするリング状のライトエコーが観測されます。天体と地球間に複数の薄いダスト層が存在していて、かつ幾何学的につごうよく配列していると、複数の同心円状のライトエコーのリングが同時に観測されます。

●◎◆ライトエコーが広がる速度は光速を超える!?

V838のライトエコーは、第1ピークの急激な減光がおさまった2002年2月17日（爆発の発見から42日後）に、この星を取り巻くリングとして観測されました。アメリカのアーン・ヘンデンらが、ワシントンの海軍天文台の1m望遠鏡などで撮影して発見したのです。IAUCの7859号で速報されたこのニュースは、日本でも天文関係のメーリングリストで流れましたので、私もよく覚えています。爆発時にV838から出た光が、この星が誕生する前から存在していたと考えられる寄与物質（主にダスト）にぶつかり、回り道をして約40日後に地球に届いたのです。

このライトエコーの寄与物質は、惑星状星雲ではありませんでした。再生AGB星であるや（矢）座FG星、櫻井天体、わし座V605星は惑星状星雲に取り囲まれています。惑星状星雲のガスは電離していますが、V838の寄与物質は電離していませんでした。この点も、V838が再生AGB星ではない証拠の一つであると、連星合体説のティレンダらは主張しています。

V838のライトエコーはしだいに「大きくなっていく」ことにも、ヘンデンは気がついていました（あとから説明するように、見かけだけのことだったのですが）。V838本体の変化もさることながら、ライトエコーのモニター観測も、世界中でおこなわれていました。

発見から1年以上が経過した、2003年3月27日号の『ネイチャー』を手にしたV838研究者は、度胆（どぎも）を抜かれたと思います。ハッブル宇宙望遠鏡が撮影した、美しく輝くV838をとりまくライトエコーのあざやかな写真が、表紙を飾っていたのです（図5－8）。

アメリカのハワード・ボンドらによる論文でした。その本文には、2002年4月、5月、9月、そして表紙に一番大きく掲載された10月28日の、4枚の写真が掲載されています。

これを見ると、10月28日のライトエコーは、4月のものに比べると直径が2倍以上も大きくなっています。寄与物質と星の本体の距離が同じとすると、半年で4光年近くも広がった計算になります。半年で4光年も広がった？　光の速度を超えているではないですか！　これはいったいどういうことでしょうか？

2002年10月

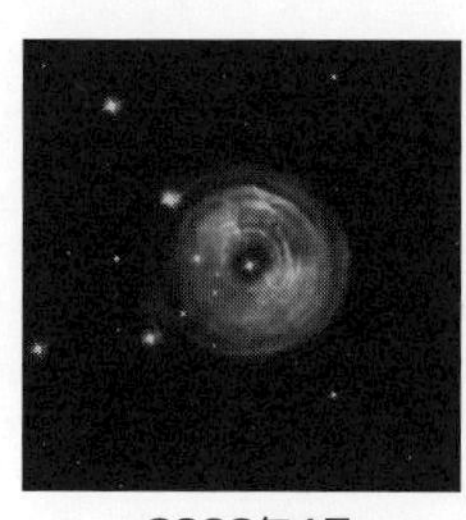

2002年4月

図5－8　『ネイチャー』誌に掲載されたV838のライトエコー

（NASA, ESA and H.E. Bond（STScI））

ライトエコーが史上初めて観測されたのは、1901年に出現して0等星にもなった新星、ペルセウス座GK星でのことでした。このときのライトエコーも超光速で広がり、当時の天文学者を驚嘆させました。じつはこれは、幾何学的な理由による錯覚なのです。図5－9を見てください。BAを半径とするリング状のライトエコーでも、地球

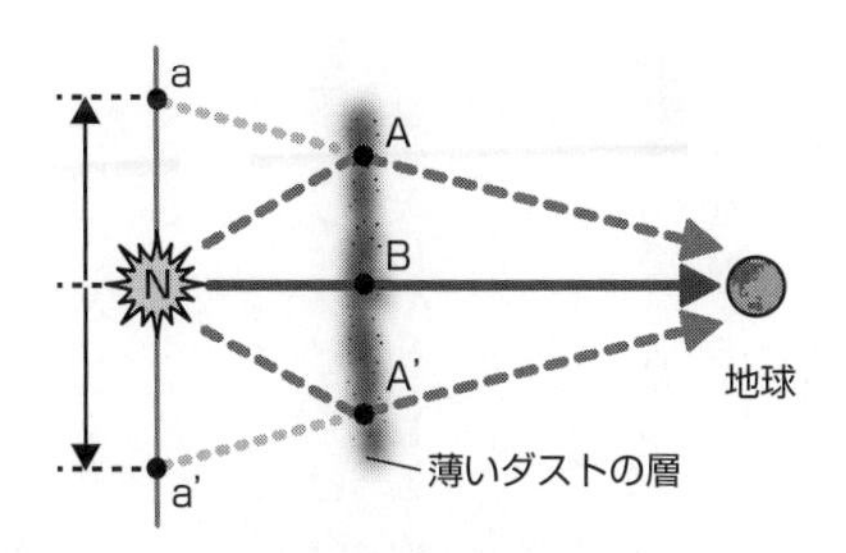

Ｎａ（またはＮａ'）：地球から見たライトエコーの広がり
（見かけ上の広がり）

図5－9　ライトエコーは超光速で広がる？

から観察すると天体Nをライトエコーが取り巻いているように見えます。つまりＮａを半径とするライトエコーのように拡張して見えてしまうのです。たとえば、Ｎａが実際には数光年もあるのに、ライトエコーのタイムラグは数ヵ月しかないと、まるでライトエコーが超光速で広がっているかのような錯覚を起こしてしまうのです。これがきちんと説明される論文が出るまでに、40年近くもかかりました。

いまやV838のそれは、ライトエコーの観測史上最も見事なものとなりました。V838を抜きにして、もはやライトエコーは語れません。この星のライトエコーの広がりとともに、ライトエコーという現象があることも世に広まっていったのです。

さらに2004年2月に撮影されたもの（カラーページFile2）は、ハッブルのウェブサイトでは、ゴッホの名画「星月夜」を彷彿（ほうふつ）させるとして紹介されています。「星月夜」は月夜の空になにやら渦巻きが描かれている絵で、Ｖ８３８のライトエコーもこの渦巻きに似ているということなのでしょう。ＩＡＵＣのホームページのトップページにも、この写真が掲載されています。

この、天界の芸術作品ともいえそうなライトエコーの変化は、たとえば以下のＵＲＬから動画でも見ることができます。ぜひ、その変化の様子を楽しんでください（星の色の変化にも注目してください）。

(https：//www.youtube.com/watch?v=93L0IEbUJsk　もしＵＲＬが変更されていたら、light echo of V838 Mon と入力して検索してください）

謎の天体Ｖ８３８をめぐる話、いかがだったでしょうか。太陽の１００万倍という明るさにまで増光した爆発、それも連星系をなす星が衝突・合体するという現象（まだそうと確定したわけではないですが）を、私たちは生きている間に目撃することができたのです。その記録を電子媒体によりきちんと残せる時代に出現したのがＶ８３８でした。ハッブル宇宙望遠鏡という最高性能の望遠鏡でモニターできた点もラッキーでした。

このような意味で、いっかくじゅう座Ｖ８３８は、星の研究史のうえで長く語り継がれることでしょう。

第章

りゅうこつ座イータ星

「天の川 No.1」を誇った あの星はいま

恒星界も浮き沈みは激しいようで、この星など19世紀には、天の川銀河で№１、全天でもシリウスに次いで２番目の明るさだったのです。それがいまでは、肉眼でかろうじて見える地味な６・２等星に……。しかし

かつての大スターは、その誇りを忘れてはいません。不気味な星雲（カラーページ File 4）に身を潜めながら、一世一代の勝負に賭けようとチャンスを窺っています。

◎◆かつての明るさは太陽の2500万倍！

りゅうこつ座（図6－1）という星座をお聞きになったことがありますか？「りゅうこつ」（竜骨）というのは船の本体の骨組みで、まるで竜の骨（今風にたとえるなら首長竜の化石）のように見えることから、このような名前がついています。

南天の星座なので、日本では見えにくい、というかほとんど見えません。この星座の東端（南十字星のすぐ西側）に、イータカリーナ星雲があります（図6－2）。その大きさは約60光年で、北半球で見える代表的な星雲、オリオン大星雲の3倍ほども大きく、写真に撮ると赤く写ります。地球からの距離は6500～1万光年です。

イータカリーナ星雲の中には、いくつかの散開星団が存在しています。そのうちの一つ、地球からの距離が7500光年のトランプラー16の中に、肉眼で見える星が一つあります（といっても6・2等なので、暗いところでないと難しいですが）。

今回の主役の登場です。この星が、**りゅうこつ座イータ星**です（以下イータ星）。日本からは見えません。ちなみにイータ（η）は、ギリシャのアルファベットで7番目の文字です。

まずは、イータ星の過去の記録を見てみましょう。

いちばん有名な彗星にその名を残した、イギリスの天文学者**エドモンド・ハレー**がこの星の明

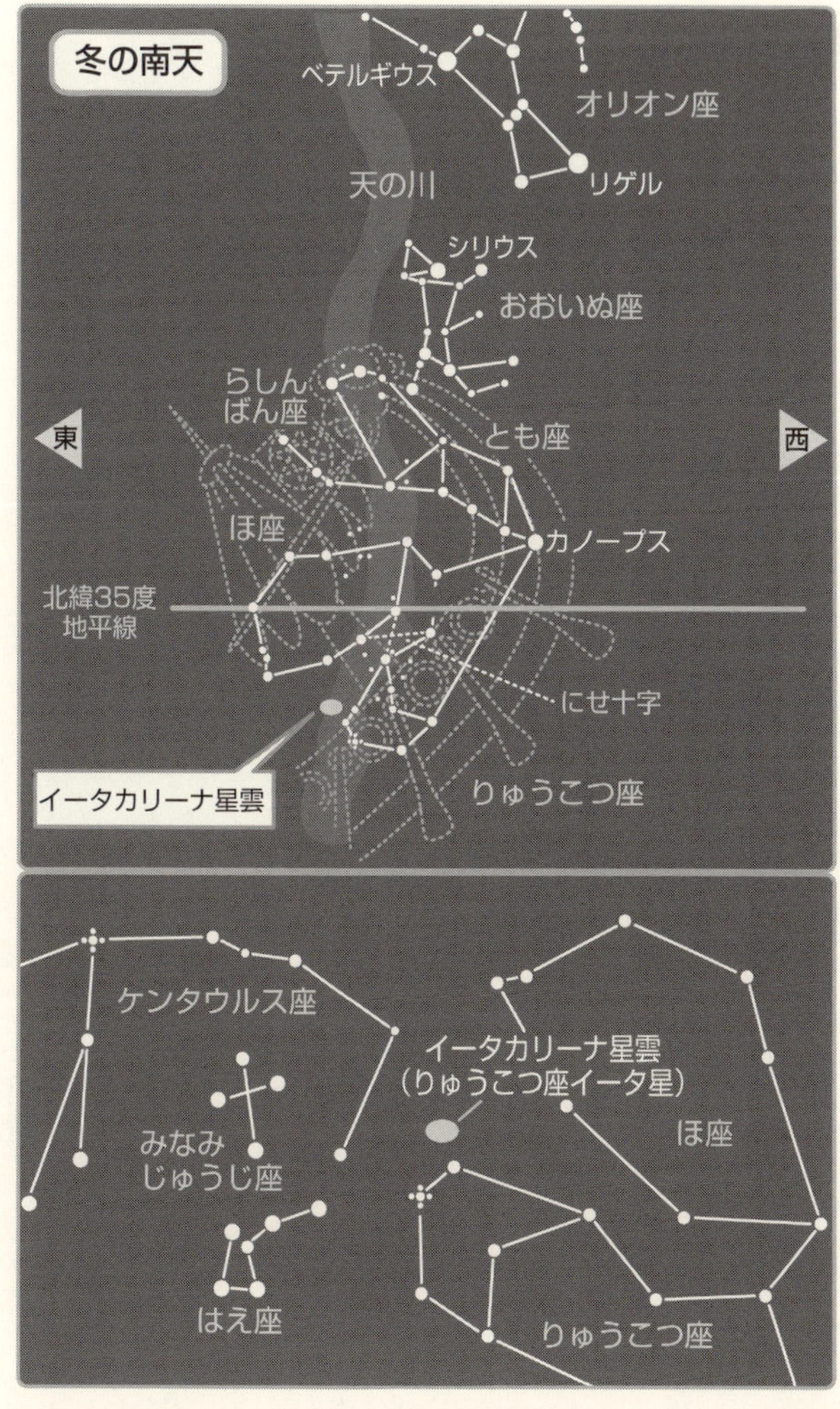

図6-1　冬の星座（上）と、りゅうこつ座の中のイータカリーナ星雲の位置（下）

図6-2　イータカリーナ星雲（AAO/ROE）

るさを4等と見積もったのは、１６７７年のことでした。ところが、１７５１年には、この星は2等星になり、さらに増光して１８２７年には1等星になりました。１８３７年秋にはなおも輝きを増し、オリオン座のリゲル（０・１等）と同じ明るさになりました。さらに翌１８３８年には、ケンタウルス座のアルファ星（マイナス０・１等）と同じ明るさになりました。その後、いったんは1等星まで暗くなりますが、１８４３年の3月には、同じりゅうこつ座のカノープス（０・７等）の明るさを超えて、全天で最も明るい恒星、マイナス１・５等のシリウスに迫る明るさになったのです。

現在では、地球からイータ星までの距

離が測定されていますので、それを考慮に入れると、この星がマイナス1等程度まで明るくなったということは、とんでもない異常事態であることがわかります。その光度は、太陽の2500万倍！　このときはおそらく、天の川銀河の中で最も明るい星だったことでしょう。

この異常事態についてはあとでもう一度触れることにして、ここで現代天文学が明らかにしているイータ星のプロフィールを紹介します。

現在のイータ星は、晩期O型のI（超巨星）ないしII（輝巨星）です。表面温度は2万～3万度です。現在は6等星ですが、それでも地球からの距離を考慮すると、実際には太陽の500万倍と、かなりの明るさです。

変光星のタイプとしては、**高輝度青色変光星（LBV）**に分類されています。HR図上での位置を見てください。このタイプは青く（高温）、すさまじく明るい星です。その光度は、太陽の何十万～何百万倍にもなります。そして、数時間から数百年という周期で不規則に変光します。イータ星の場合は、およそ58日ほどの周期で、わずか0.2等ほど変光しています。

イータ星の質量と半径はどちらも太陽の90倍です。ただし、あとからお話しするように大量の物質を周囲にまき散らしたと思われるので、誕生時の質量はもっと大きかったことでしょう。その莫大な質量ゆえ、寿命がとても短く、年齢は数百万歳以下なのですが、すでに老齢期になっています。LBVは質量の大きな星の老齢期の一時的な姿といわれているのです。

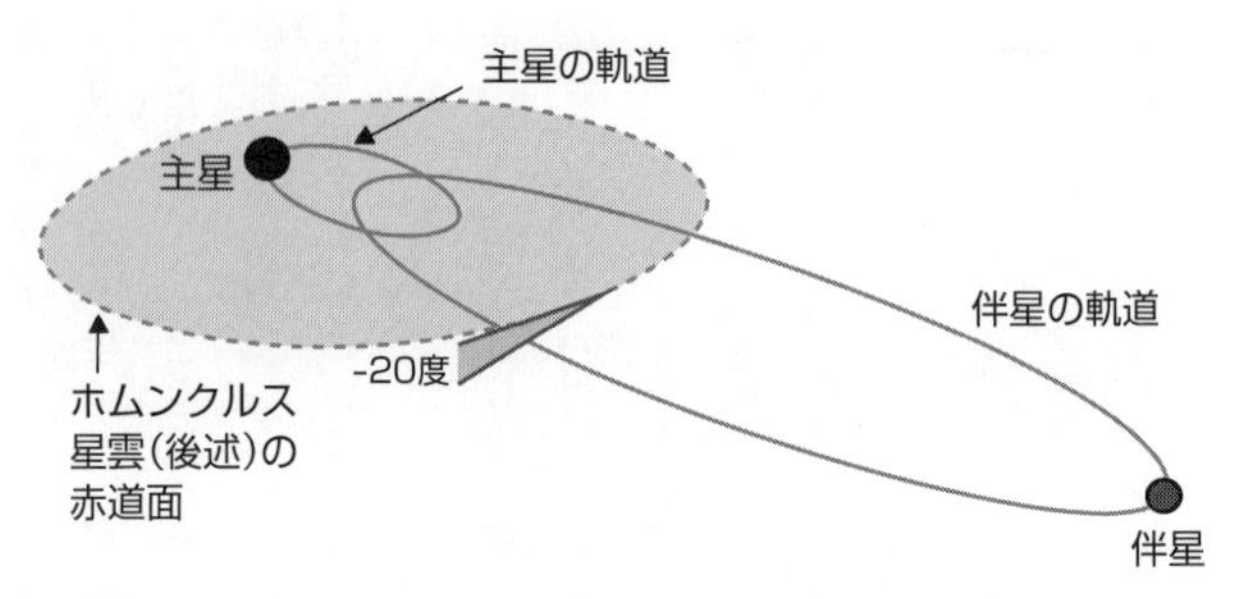

図6－3　イータ星の連星軌道
(Steffen, W. et al. 2014 The Messenger 158, 26)

ところで、イータ星は連星系です。主星と伴星は図6－3のようにきわめてつぶれた楕円軌道で公転していて、その周期は5・5年です。2星がいちばん離れると30天文単位ほどですが、近星点では2～3天文単位、太陽系ならば太陽と小惑星帯ほどの距離になります。

伴星はまだ直接観測されていないので正体は不明ですが、スペクトル型・光度階級については諸説あり、OB星（O型かまたはB型の星）、O型超巨星、WN型ウォルフ・ライエ星（次章で紹介）などが考えられています。この星は、30太陽半径、30太陽質量、表面温度は約4万度、光度は太陽の数十万倍と、こちらもなかなかの強者（つわもの）です。

●◎◆星の光度にも限界がある

イータ星のプロフィール、いずれも興味深そうなのですが、ここでは、太陽の90倍というその質量に注目しましょう。

プシビルスキ星の章（第2章）でお話ししたように、星は重力で自分自身がつぶれようとするのに対して、圧力で押し返しています。質量が大きい星は放射圧が主にその力でした。ここは本章で大切なので、お忘れの方は第2章を読み返してください。質量が大きな星ほど重力も大きくなりますが、中心部の温度も高くなります。すると核融合反応が激しくなります。その反応は温度に敏感だからです。核反応が激しいと放射圧も大きくなるので、結局、星は重くなってもつぶれないで釣り合いがたもたれます。自然はうまくできているものです。

しかし、何事にも限界というものがあります。星が非常に大きくなり、星の光度がどんどん増していって、ある限界値を超えると、放射圧のほうがまさってしまい、星が吹き飛んでしまうのです。20世紀の初めに、このリミットを理論的に導出したのが、イギリスが生んだ大天才天文学者**アーサー・エディントン**です。いまでは、この限界の光度は**エディントンの限界光度**とよばれています。ちなみに太陽の光度はこの限界光度より4桁も暗いので、吹き飛ぶことはありません。安心しましょう。

◎◆イータ星から噴き出す風がすさまじすぎる

星は質量が大きいほど、核融合反応が激しくなり、明るく（光度が大きく）なります。くわしくいうと、星の光度は質量のおよそ3・5乗に比例します。では、一方のエディントンの限界光度は、どのように決まるのでしょうか。じつは、エディントンの限界光度を計算するために必要なパラメータは二つあります。一つは、その星に水素がどれくらい含まれているかで、もう一つがじつは、これまた星の質量なのです。限界光度は質量に比例します。

星が重くなると、エディントンの限界光度が一定の割合でしか増えないのに、光度は急激に増大します。ということは、重い星ほど急激に明るくなって、放射圧が大きくなり、自分の重力との間でバランスをとれる限界（エディントンの限界光度）にどんどん近づいてしまうことになります。

計算してみると、およそ60太陽質量以上の星は、もともとその光度がエディントンの限界光度に近くなっています。最初からやばい星たちです。

ましてや、イータ星の質量は太陽の約90倍もあるので、太陽の５００万倍というその光度は、エディントンの限界光度と同じ程度と考えられます。つまり、放射圧が強い。強すぎて、表面からはすさまじい星風が吹いています。星風が噴き出す原因は星のタイプで違うと何度かお話ししましたが、イータ星の場合は、放射圧が主因です。

一方、伴星のほうも30太陽質量とそれなりに重い星なので、やはり星風は強いです。イータ星から風が噴き出る様子は長い年月の間でも変化するようですが、主星からの風と伴星からの風では、性質が対照的です。主星からはより低速で高密度な風、伴星からはより高速で希薄な風が吹

図6-4　イータ星の主星（左）と伴星（右）の双方からの星風が衝突する様子（http://svs.gsfc.nasa.gov/cgi-bin/details.cgi?aid=11936）

いています。

主星の風は秒速420㎞、一年あたり、なんとなんと、地球の数百個分という質量を失っています。AGB星のミラは、年間あたりの物質放出量は地球質量の100分の1程度でした。イータ星の風の威力には驚きます。

一方で、伴星の風のほうは、その速さがすごい。秒速なんと3000㎞。1秒で東京からベトナムくらいまで行けるスピードです。こちらは年間あたり地球数個分の質量を失っています。

双方の星からの激しい風は、衝突します（図6-4）。ぶつかった領域は高温となり、そこからX線が放射されていることを、各国のX線衛星などが観測しています。さらには、X線より高エネルギーの電磁波であるガンマ線まで放射されています。とくに近星点の近くでは衝突が激しくなりますので、集中的な観測がおこなわれ、X線やガンマ線の強度もこのあたりがピークとなります。

図6－5　かに星雲（なゆたが撮影したもの：提供／西はりま天文台）

◉19世紀の異常増光は「ニセモノ超新星」だった

前述したように、1840～1850年代にイータ星は、地球から見える恒星ではシリウスに次いで2番目の明るさになり、太陽のじつに2500万倍の光度になりました。その異常な増光は、実際のところ、いったいどんな現象だったのでしょうか？

「もしかすると、超新星になった？」

超新星はよく耳にする言葉ですので、そう思われた方も多いかもしれません。でも残念、惜しくも不正解です。

確かに超新星も、星が突然輝き出す現象です。たとえばいまから1000年近く前の1054年に、非常に明るい星が突然出現したという記録が、日本（藤原定家の日記『**明月記**』）や中国に残されています。最も明るくなったときは金星ほどに輝き、色は赤白の星が昼間でも23日間見えていたそうです。夜は22ヵ月間見えていたようですが、その後は肉眼では見えなくなりました。これは超新星だったと考えられています。前章で触れたように、超新星も新星と同様に、あたかも生まれたばかりの星のような名前がついていますが、その正体はまるで正反対。じつは、星の終末の姿なのです。では、この1000年前の超新星はその後、どうなったのでしょうか。その残骸は、いまでも残っています。これは**かに星雲**（図6-5）とよばれています。

しかし、19世紀半ばのイータ星の異常な増光は、超新星ではありません。超新星とは似ているものの、少し違う「ニセモノ」だったと考えられています。じつは私たちの住む天の川銀河の中で、本物の超新星はもう400年以上も観測されていないのです。

◎◆質量が大きな星は最期に大爆発を起こす

超新星の「ニセモノ」とはどういうものかを説明するには、まず超新星とはどのようにしてできるのかを説明しなくてはなりません。

第4章（かんむり座R星の章）で、星の老齢期は赤色巨星になるという話をしました。しかし、じつはあれは、太陽を含めた低質量の星についての話なのです。質量が大きい星は、話がまるで違ってきます。これまたかなり複雑で、まだ細部は解明されていないのですが、かいつまんでお話しすると以下のようなものになります（図6-6）。

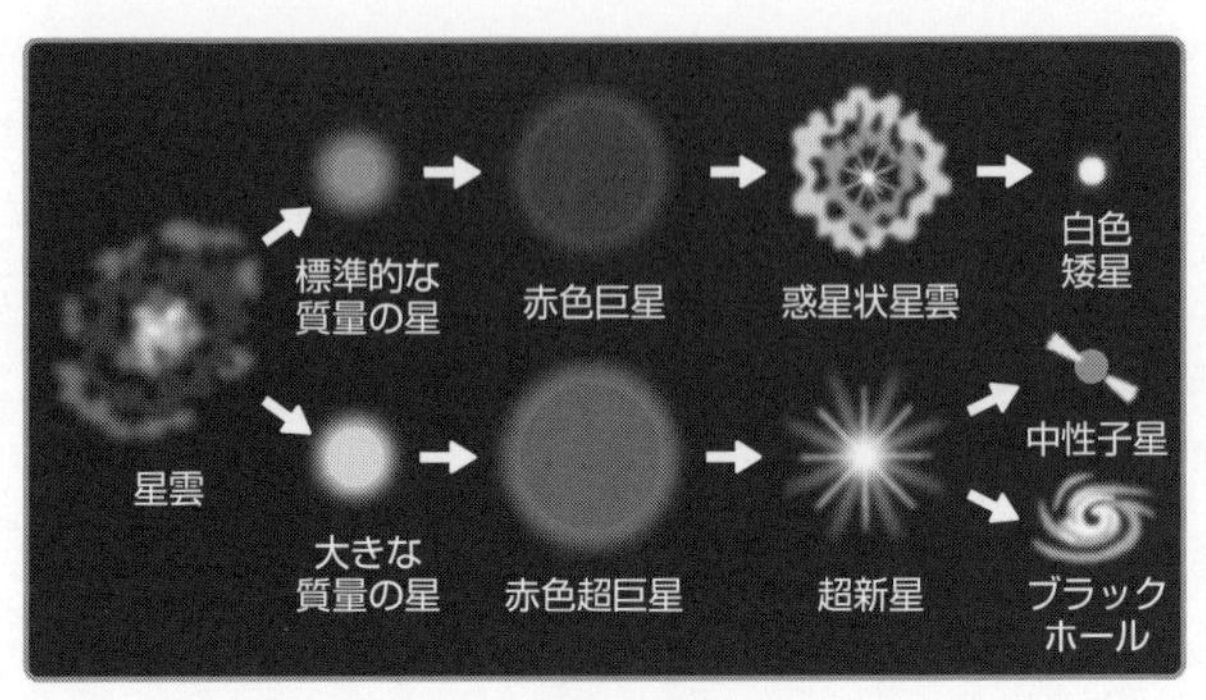

図6－6　超簡略化した星の一生

質量が大きな星が老齢期を迎えると、やがて青くて大きな超巨星になります。さらに進化が進むにつれて、黄色超巨星、そして赤色超巨星になります。これは単純に赤色巨星のさらに大きなもの、という話ではありません。

ＨＲ図上では、主系列時代には左上側に位置していたのが、どんどん右側に、ほぼ水平に移動します。

「質量が大きな星」という言い方をしましたが、内部で起こることや、最期の様子は、さらに質量によって異なってきます。ここからの説明は重要なので、ちょっと長いですがしっかり理解してください。よろしくお願いしますよ。

まず8〜10太陽質量の星では、炭素原子核の融合の結果できたネオン、マグネシウムの原子核が中心にコアをつくります。ヘリウムの核融合でできた、あるいは炭素の核融合でできた酸素原子核もそこに存在します。コアが成長してくると、自己重力で圧縮されます。やがて中心部は自身を支えられなくなり、つぶれてしまいます。

つぶれたコアはどうなるかといいますと、ここは話をかなり省略しますが、中性子が主な成分の天体、**中性子星**となります。星の外層は落下して、中心部の中性子星に衝突します。中性子星は角砂糖一つ分がちょっとした山ほどの質量があるという超高密度な天体なので、衝突した物質は跳ね返ります（**コアバウンス**）。これが超新星（**超新星爆発、スーパーノバ**）であり、あとには中性子星が残ります。なお、いくつかの一般書の中には「太陽の8倍程度の質量を持つ星では、爆発的な核反応で星そのものが吹き飛んでしまい、あとに何も残らない場合がある」と記載されているものがありますが、これは正しくありません。

◉◆寿命1000万年の星が0・1秒で崩壊！

次に、太陽質量の10倍を超える星では、中心部の温度が30億度を超えると2個の酸素原子核が融合を起こして、ケイ素などの別の原子核になります。さらに40億度を超えると、ケイ素の原子核が融合を起こして、さまざまな元素ができます。星は基本的には水素のかたまりですが、こうして核融合反応で周期表の原子番号が大きい元素を次々とつくっていくわけです。ただし、鉄より重い元素は、このようなメカニズムではできません。

こうして形成される重い元素は中心部を形成するので、外側ほど軽い元素が取り巻く、球殻を重ねたようなタマネギ状の構造となります（図6－7）。

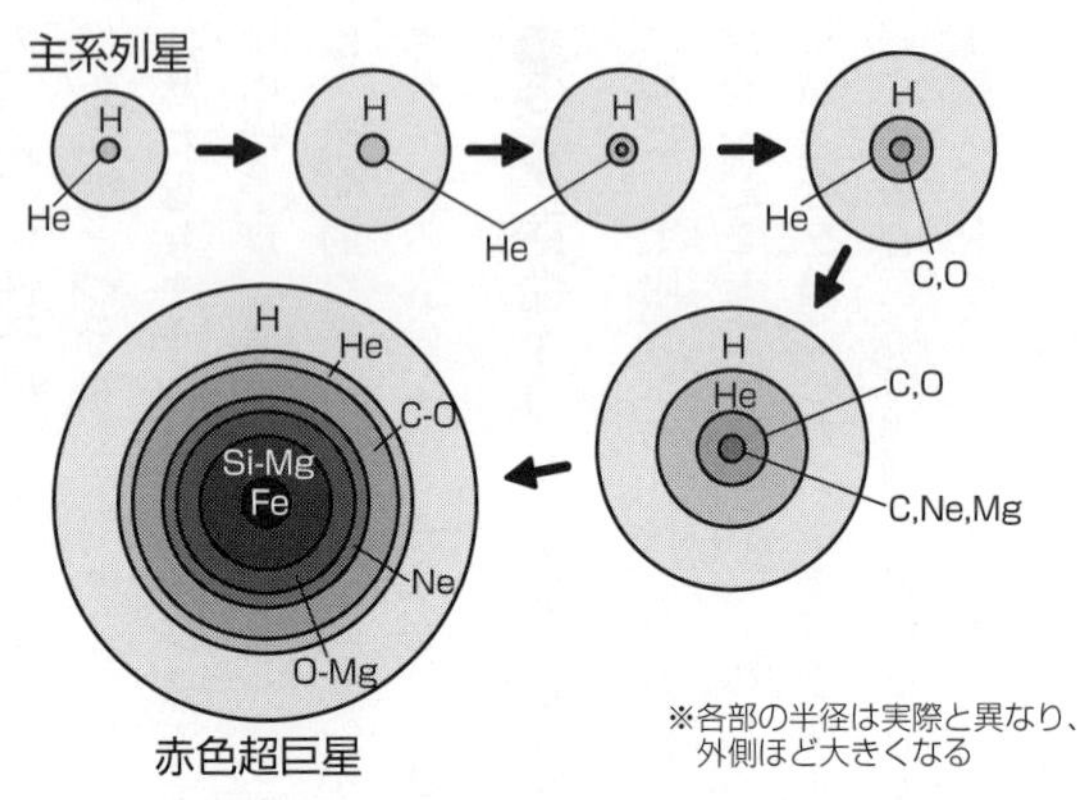

図6－7　質量の大きな恒星の構造変化

それでは、星の最期はどうなるのでしょうか。

中心部の温度が100億度ほどになると、非常にエネルギーの高いガンマ線が鉄の原子核を分解します（**光分解**）。これがきっかけで、鉄原子核によってできているコアが瞬間的に崩壊します。20太陽質量の星はコアといえども1・3～2太陽質量もあるのですが、それが崩壊するのに要する時間は、なんと、たった0・1秒！

このくらいの質量の星の寿命は、1000万年ほどです。星としては短命ですが、それでも私たち人間から見れば、長い長い時間です。その長い星の一生は、このたった0・1秒の反応で、終焉を迎えるのです。なんとも、はかない話じゃないですか。

中心部にはやはり中性子星ができます。落下してきた外層の物質は、高密度の表面でコアバウンスし、やはり超新星爆発となります。なお、かに星雲の中にも中性子星が残っています。

外層が吹き飛んだあとで、中心部が冷却したり、周囲の物質が再降着したりすると、子供たちが大好きなブラックホールが残ることもあります。

ここまで、超巨星の超新星爆発について基本的なことをお話ししました。しかし25太陽質量を超えるような場合は、じつは超巨星から一度、ウォルフ・ライエ星というタイプの天体になってから超新星爆発を起こすことになります。これについては第7章でくわしくお話しします。

ここで説明した超新星爆発は、**重力崩壊型**とよばれるものです。ひとことでいえば、質量の大きな星が老齢期になって爆散するものです。星が内部に向かって崩壊、つまり落下する時に解放される位置エネルギーが爆発の源です。ピーク時の明るさはなんと太陽の10億倍にもなります。そして爆風の速度も、秒速1万kmという猛スピードです。これがかに星雲のような残骸を残しますが、これも10万年程度で宇宙空間に拡散してしまい、やがて見えなくなります。

超新星爆発には重力崩壊型のほかに、もう一つ別のタイプもあります。**核爆発型**とよばれるものです（超新星の観測的な分類ではＩａ（いちエー）型）。核爆発型の超新星爆発がなぜ起きるのかは、現在、二つの説があって決着がついていません。その詳細は、また今度の機会とさせていただきます。

●◎◆「ニセモノ超新星爆発」のしくみ

ようやく超新星爆発の話が終わりました。ではお待ちかね、イータ星の「ニセモノ超新星爆発」の話です。

大きな質量を持つ老齢期の星、ＬＢＶは不安定で、いつ超新星爆発を起こしてもおかしくありません。このような状態では、エディントンの限界光度は超えているものの、星そのものを吹き飛ばすほどのエネルギーはともなっていない爆発（超新星よりもエネルギー的に弱い爆発）が起きることがあるのです。まるで本番の爆発にそなえて練習をするようなものです。

これが、イータ星の19世紀半ばの異常増光の原因だと説明されています。もし超新星だったら、爆発のあとにＬＢＶが残ることはありません。

こうした現象は**疑似的超新星（爆発）**とよばれています。天の川銀河ではイータ星のほかに、**はくちょう座Ｐ星**が知られています。はくちょう座Ｐ星はＢ１Ｉ（超巨星）のスペクトル型を持つＬＢＶで、１６００年8月に突然3等星として出現し、現在は5等星になっています。よその銀河にもいくつか出現しています。

ただし、イータ星の19世紀における爆発のエネルギーは、超新星爆発のそれに肩を並べるほどだったともいわれています。それなのになぜ、星そのものが吹き飛ばされずに残ったのかは、この星の大いなる謎となっています。

◆イータ星を囲む奇妙な形の星雲

ところで、イータ星は星雲に囲まれていることが、1914年からわかっていました。この星雲の研究に一石を投じたのが、やはりハッブル宇宙望遠鏡でした。

カラーページのFile4は、ハッブルが撮影した星雲の画像です。モコモコした砂時計のような形状のものが、イータ星を囲んでいる星雲です。その質量は約20太陽質量で、片方の膨らみの直径が約0・4光年あることがわかっています。

この星雲は、その形から**ホムンクルス星雲**とよばれています。ホムンクルスとは、日本ではあまり馴染みがないかもしれませんが、錬金術師がつくり出すと考えられていた人造人間のことで、ちょっとキモイものです（ホムンクルスのことは子どもたちのほうがよく知っている可能性があります。大ヒットしてアニメにもなったマンガ『鋼の錬金術師』に登場する敵が「ホムンクルス」という人造人間です）。日本では、この星雲は「人形星雲」とよばれています。イータ星とその伴星は、くびれた場所に位置しています。

この形状を見て、（ミラの伴星からの星風のような）双極流だ、と思われた方は、するどいです。そのとおり。じつはこの星雲は、19世紀の疑似的超新星爆発のときにイータ星から放出された、ガスやダストなのです。くびれた部分にあるイータ星から二つの方向に向かって物質が放出され、双極状となったのです。両極方向とはすなわち自転軸方向であり、また連星系としては公転面に垂直な向きになります。放出のスピードは、秒速６０００㎞という猛烈さでした。

じつは、本書に登場する10の星について書かれた論文の数を比べると、ダントツで多いのが、このイータ星なのです。現在でも、主要なジャーナルには年間10本程度も掲載されています。そのほとんどは、星風どうしの衝突に関するものか、ホムンクルス星雲に関するものです。それほどポピュラーなテーマになっているわけです。

●◎◆イータ星はいつかホントに超新星爆発を起こすのか

将来、イータ星はどのような運命をたどるのでしょうか？　ＬＢＶの段階を終えた星は、ウォルフ・ライエ星とよばれるタイプの天体になると考えられています。そのあとに、超新星爆発です。ウォルフ・ライエ星の超新星爆発については最近、興味深いことがわかりつつありますが、それは第7章でのお楽しみです。

星が進化の道筋のうえでＬＢＶの時代を過ごす期間は短く、数万年といわれています。とはいえ人間にとってはかなりの時間であり、イータ星が超新星爆発を起こすのは当分、先のことと思われます。

ところが、ところがなのです。最近になって、疑似的超新星爆発を起こしたLBVが、そのあとすぐに超新星爆発を起こしたケースが目撃されました。

約7700万光年かなたにあるやまねこ座のUCG 4904という銀河で、2006年に超新星爆発が起きました。**超新星2006 jc**とよばれるものです。じつは、この銀河では2004年にも、星が爆発を起こしていました。この爆発は、LBVの疑似的超新星爆発でした。ところが、超新星の専門家として名高い九州大学の山岡均（現在は国立天文台天文情報センター広報室長・准教授）さんらのグループは、この二つの爆発は、同じ星によるものだということを突きとめたのです。

2006年の爆発は、星そのものが吹き飛ぶ正真正銘の超新星爆発でした。これは、LBVの疑似的超新星爆発を起こした星が、本当の超新星爆発を起こすことを確認できた最初のケースです。この貴重な研究は、『ネイチャー』の2007年6月14日号に掲載されました。

何がいいたいか、もうおわかりですよね？

2012年頃、オリオン座の1等星であるベテルギウスがもうすぐ超新星爆発を起こすかもしれない、とSNSなどで騒がれました。この騒動についてはすでに多くの本などで書かれていますので、本書では割愛します（最新論文によれば、爆発が起きるのは早くても10万年後です）。

しかし、じつは今回の主役、19世紀に一時は天の川銀河最大のスターだったイータ星も、いつ超新星爆発を起こしても不思議ではないのです。むしろ、疑似的超新星爆発という前兆現象が起きたので、イータ星のほうが先かもしれません。

ただし、もしもその日が来ても、残念ながら日本で見ることはできません。そのときには、南半球へ行ってイータ星を観察しよう、というツアーができるかもしれませんね。

なお、本章ではイータ星の19世紀の突然増光は疑似的超新星爆発として話を進めてきましたが、じつは別の興味深い説が浮上してきています。いま天体物理学コミュニティでは「衝突」がちょっとしたブームになっているのですが、これを応用したもので、２０１１年と２０１６年に、星と星との衝突説が提唱されました。

今後は、疑似的超新星爆発説と衝突説が論争を繰り広げそうな予感がします。

第7章

WR 104

本当は危険な宇宙の蚊取り線香

笑えます。なごみます。宇宙にもこんな、蚊取り線香みたいなのがいるなんて！（カラーページFile 5）なんでこうなるの？　これでも星なの？　つい、見つめてしまいますよね。しかし、のほほんとした外見に

だまされてはいけません。もしかしたらこの星のほうも地球をじーっとにらみ、いつか恐怖の光線を見舞ってやろうと狙っているかもしれないのです！

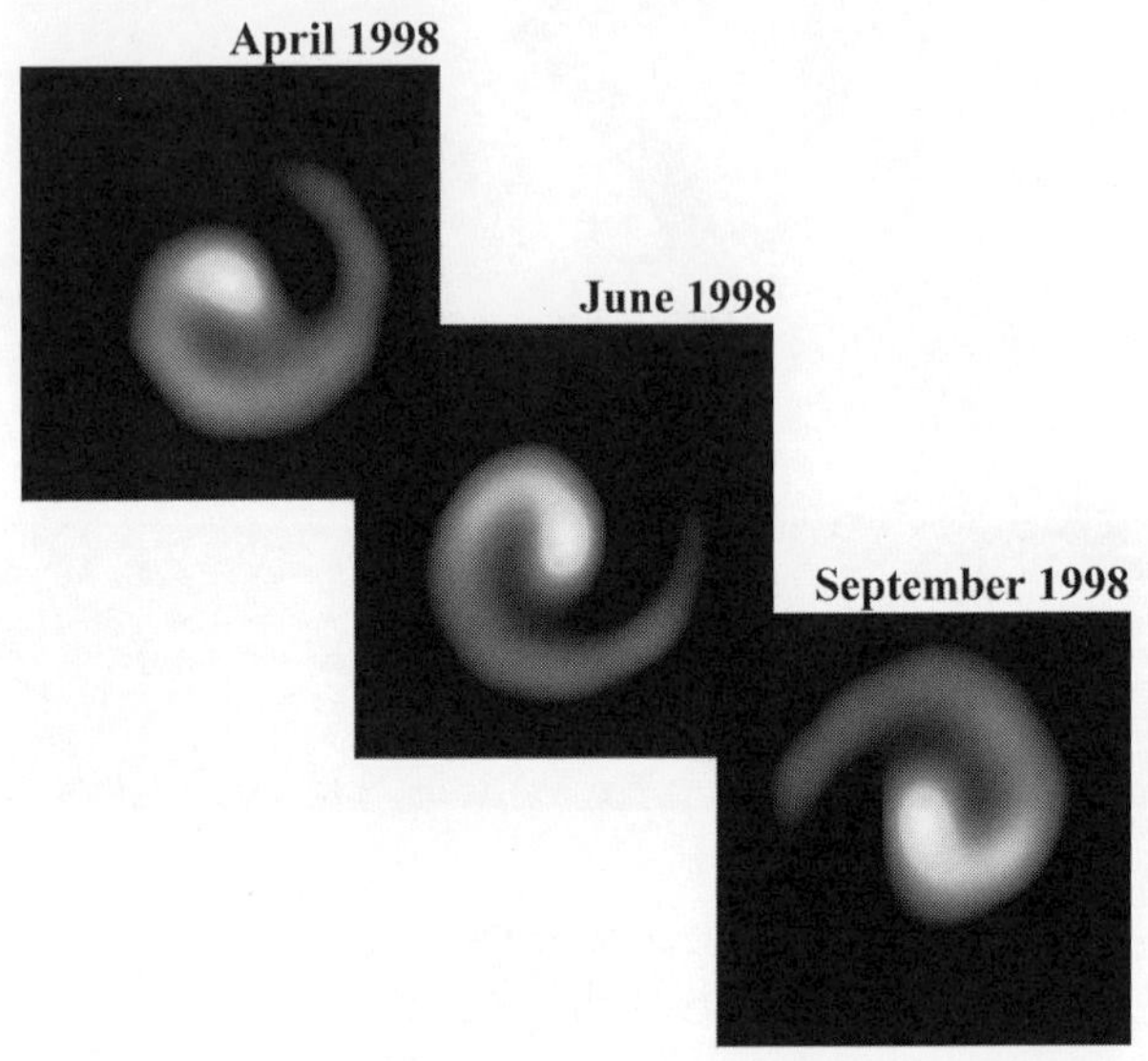

図7－1　ケック望遠鏡が撮影したWR 104の渦巻きの回転の様子
（U.C. Berkeley Space Sciences Laboratory/W.M. Keck Observatory）

宇宙にも渦潮があった！

今回の主役、ＷＲ １０４の写真を『ネイチャー』の１９９９年４月８日号で見た私は、びっくり。それまでも、渦を巻く星は理論的には知られていて、想像図も見たことはあったのですが、そこには実際に、星がグルグルと渦を巻いていたのです。これは、ハワイのマウナ・ケア山にある口径10ｍのケック望遠鏡と、特殊な干渉計の技術を組み合わせて取得されたものです。論文の著者は、当時カリフォルニア大学バークレー校にいたイケメンのお兄さん、ピーター・トゥシルらです。

『ネイチャー』に掲載されたのは、赤外線の強度が同じ場所を線で結んだ、いわば明るさの等高線図（等強度線図といいます）でしたが、同時に画像としても公開されました。1998年の4月、6月、9月に撮影したものです（図7－1）。グルグルと渦巻きが回転していることがこれでわかります。この画像をうまく重ねてアニメーションとして見ることができるサイトもありますので、検索してみてください（以下がおすすめ　http://www.physics.usyd.edu.au/～gekko/wr104.html）。

なお、カラーページのFile5は、わかりやすいようにあとから着色した疑似カラーです。まるで鳴門の渦潮のような、このWR 104、いったいどんな星なのでしょう？

夏は天の川がきれいに見える季節です。天の川とは、私たちが住む天の川銀河（銀河系）の、とくに星が多い領域が帯状に見えているもののことです。天の川銀河の中心方向に位置している星座が、いて座です。ギリシャ神話に登場する半人半馬の空想上の動物ケンタウロスのケイローンが、弓を引いている姿とされる星座です。このケイローンが持つ弓の真ん中やや上寄りに、WR 104があります（図7－2）。

天文ファンの方なら、その天球上の位置は、二つの星雲M8（干潟星雲）とM20（三裂星雲）のちょうど中間、といえばわかるかもしれません。地球からの距離は約7500光年です。

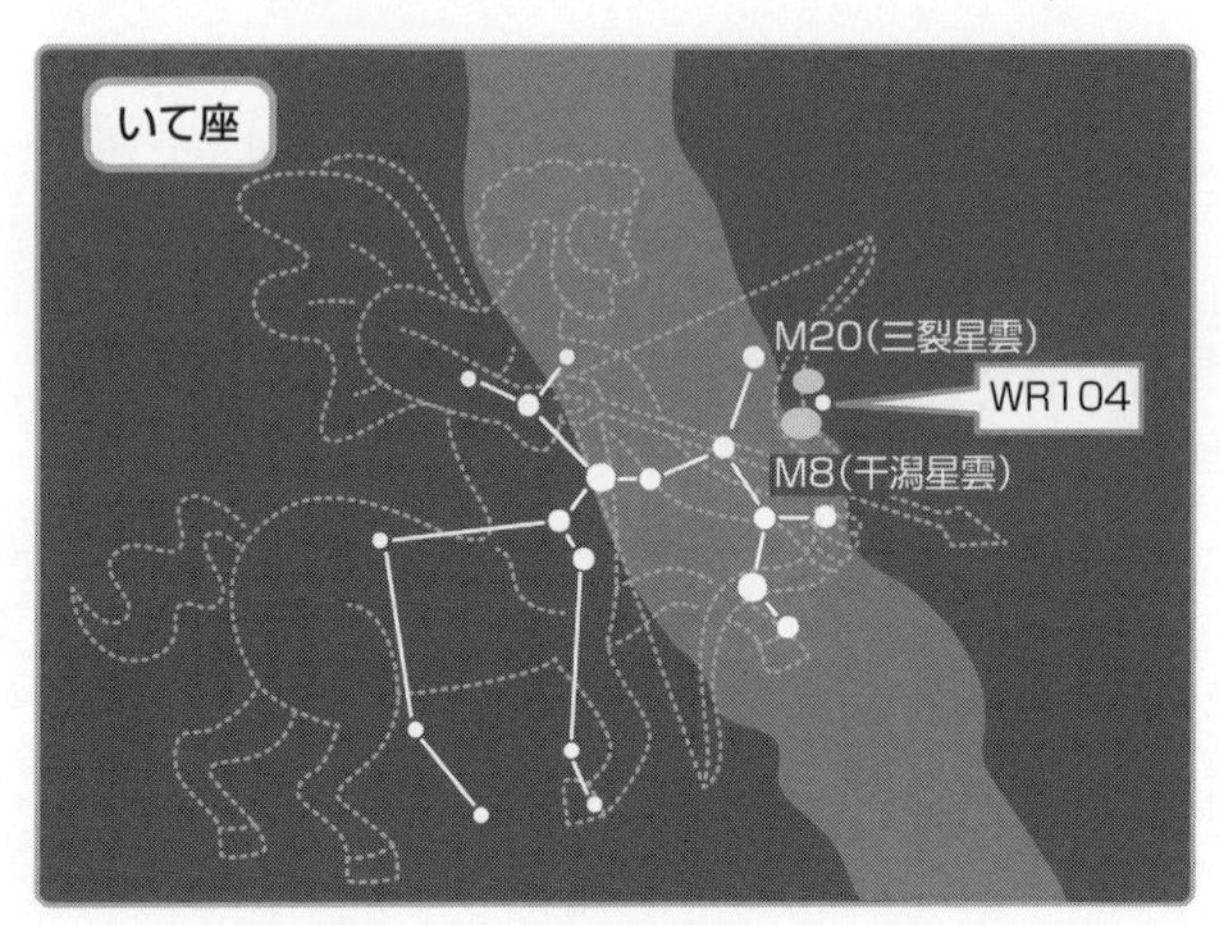

図7－2　いて座の中のWR 104の位置

重くて明るくて熱く、暴風を噴き出すのがWR星

ところで、星の名前についているWRとは、どんな意味があるのでしょう？

1867年、パリ天文台のシャルル・ウォルフとジョルジュ・ライエは、40㎝望遠鏡ではくちょう座の三つの星のスペクトルを観測しました。すると、これらのスペクトルは輝線だらけで、さらに驚くことに、その幅がとても広いものだったのです（図7－3）。

その後、類似した星がいくつも見つかりました（天の川銀河では600以上が発見されています）。いまではこれらの星は、**ウォルフ・ライエ星**（以下、WR星）とよばれています。

輝線はこれまでも、プレオネやかんむり座R星

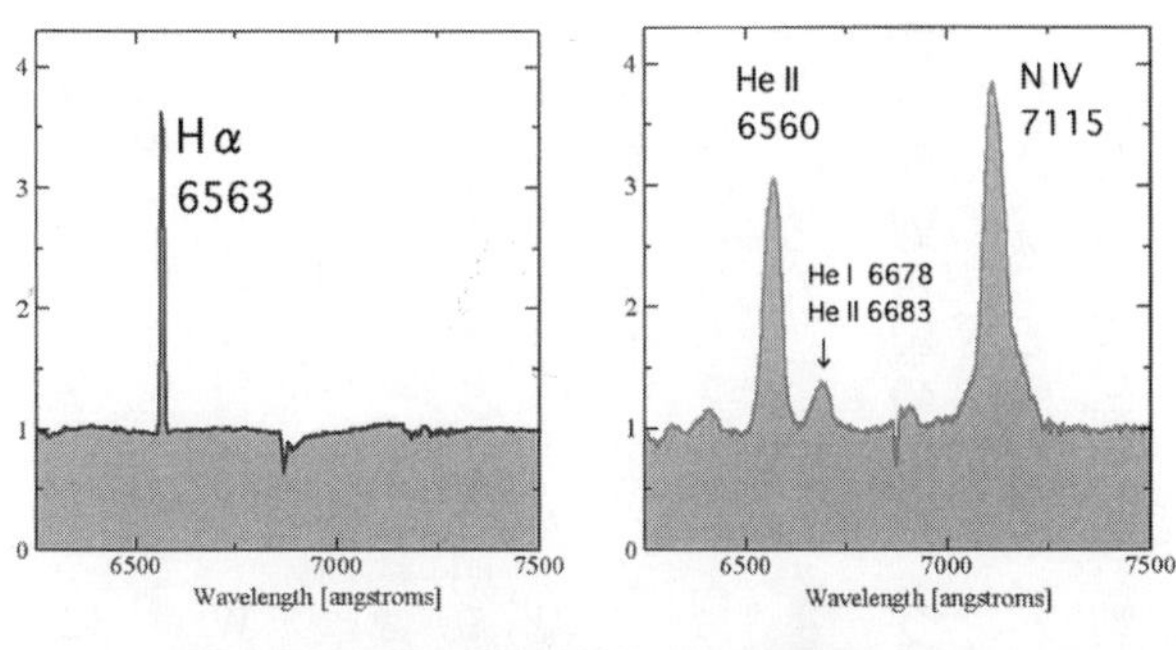

図7-3　Be星の輝線（左）とWR星の輝線（右）
スペクトル（強度のグラフ）を比較したもの。WR星のほうが、輝線の幅が広い（Be星はプレオネ、WR星はおおいぬ座EZ星）

で話題になりました。星の周囲にうすいガスがあるとできるのでしたね。ですからWR星の周囲にもガスが存在することはわかるのですが、では、なぜこんなに輝線が幅広くなるのでしょうか？

ドップラー効果をおぼえていますか？　動いている物体から出る光は、静止しているときと波長がずれるのでした。観測者に近づくときは波長が短いほうに、遠ざかるときは波長が長いほうにシフトします。そしてスピードが速いほど、波長のずれ幅は大きくなります。WR星のスペクトルは、静止しているときの波長の両側に、大きくずれています（幅がついています）。これは、WR星から四方八方に、高速で何かが飛び出していることを意味しているのです。

さあ、これらをあわせて考えると、どういうことになるでしょうか？　答えは、高速の星風です。つまり、幅の広い輝線は、WR星から激しい星風が噴き出しているために生じていると、現在では考えられています。その速度は、なんと秒速1000〜3000㎞にもなります。このような想像を絶する暴風が、1年あたりで地球の約10倍もの質量を放出しているのです。

この猛烈な風の原因は、WR星の質量にあります。その質量は、太陽の5倍から数十倍です。そもそもWR星は、誕生時の質量が25太陽質量以上の星がなると考えられます。前章でお話ししたように、大質量の星は核融合反応が盛んなので、内部で生成されるエネルギーは途方もなく大きく、ゆえにすさまじく明るく、また表面の温度も高くなります。その光度は太陽の何十万倍、何百万倍にものぼり、表面温度は3万〜20万度にもなります。

つまりWR星は、重くて、明るく、熱い星なのです。第4章のHR図上の位置をご確認ください。放射量も大きい（とくに紫外線）ので、表面から放出される風もすさまじいわけです。この怪物のようなWR星、ただし半径は案外たいしたことがなく、太陽の数倍ほどです。

◆WR星の三つのタイプ

WR星は、その大気中の化学組成に対応するスペクトルの特徴で、三つのタイプに分かれます。**WN型**、**WC型**、**WO型**です。N、C、Oはそれぞれ、元素記号の窒素、炭素、酸素を意味しています。窒素とヘリウムの輝線が目立つ場合はWN型です。WC型は炭素とヘリウムの輝線が顕著なものです。WO型は酸素の輝線が強いことが特徴です。この三つの違いは、あとで説明するように星の進化段階によるものです。

WR 104は1968年に、WC型であることがわかりました。つまり炭素が豊富なタイプです。炭素を多く含むガスがすさまじい星風（WC型の星風速度は秒速1000〜2500㎞）で宇宙空間に放出され、ダストになると単純には考えられます。なんだか、あの宇宙のタコ星、かんむり座R星に似ていますね。

じつはWC型では、ダストのかたまりが地球から見て星の手前を通過したときに減光が起こるものがいくつか知られています。ますます、かんむり座R星にそっくりです。WR 104も分光観測から、かんむり座R星に類似した減光が起きたことが知られています。

●◎◆グルグル渦巻きのわけは連星系にあり

ではでは、銀河でもないのに渦を巻く、WR 104。その渦巻きの原因はいったい何なのか。いよいよ本題の謎解きに入りましょう。

WR星のおよそ6割は、伴星を持つ連星系です。そしてWR 104も連星系ではないかということが1977年に示唆されました。結論から言ってしまうと、じつは連星系であることが、グルグル渦巻きの原因だったのです。

トゥシルらの『ネイチャー』論文には、もう一つの図が掲載されていました。グルグル形状を説明するものです。正確にいいますと、WR 104の渦は「アルキメデスの螺旋」(図7-4)という形状をしています。これは周間の距離が一定という特徴を持つ渦のことで、わかりやすい例が蚊取り線香です。WR 104の渦は、鳴門の渦潮というよりは、蚊取り線香だったのです。宇宙の巨大な蚊取り線香です。ほかにはホースを巻いた場合など、人工物に多く見られますが、マツカサやサボテンのトゲの並び方など、植物にも見られます。

図7-4 アルキメデスの螺旋

現在のWR 104の主星の質量は、20~50太陽質量です。伴星は早期B型V(主系列)星です。

二つの星は1・9~2・6天文単位離れています。主星からの星風の速度は秒速1600kmです。伴星から吹いてくる風は、主星からの風と衝突して、衝撃波面を形成します。そのあと、連星系のグルグル運動が原因となって、渦を形成していると考えられます。伴星起源のガスは後方にたなびくと冷却されるので、炭素などは固形化してダストになります。

さきほど、WR 104の周囲には大量のダストが取り巻いていることが予測されていた話をしましたが、写真を撮ってみれば、それはグルグルと渦を巻いていたのです。トゥシルえらい！渦巻きの直径はおおよそ150天文単位、243日半で1回転しています。

グルグル渦巻きはその後、ほかのWR星でも見つかりました。トゥシルらバークレーのチームがWR 104のイメージを発表した1999年の秋、彼らはWR 98aというWC型星にも、同様の形状を発見したのです。同じくケックでの撮像です。

さらに2002年になると、今度は別のグループが、やはりWC型星であるWR 112という星にも渦巻のような構造が見えるとレポートしました。まだまだ探せばWC型星には、同様のグルグル構造が見つかりそうですね。

トゥシルらは、ダストに取り囲まれているWR星は、じつはすべて風がぶつかりあう連星系ではないかとさえ考えているようです（まだ相手の星は見つかっていないものの）。

これらWR星を取り巻く渦巻きは、その形状から風車星雲と呼ばれています。星雲というのは普通、ガスですが、風車星雲はダストなのです。なんとも奇妙な。

●◎◆WR星は大質量星の内部がむき出しになったもの

WR 104などのWR星の終末については、なかなか興味深いものがありますので、この章

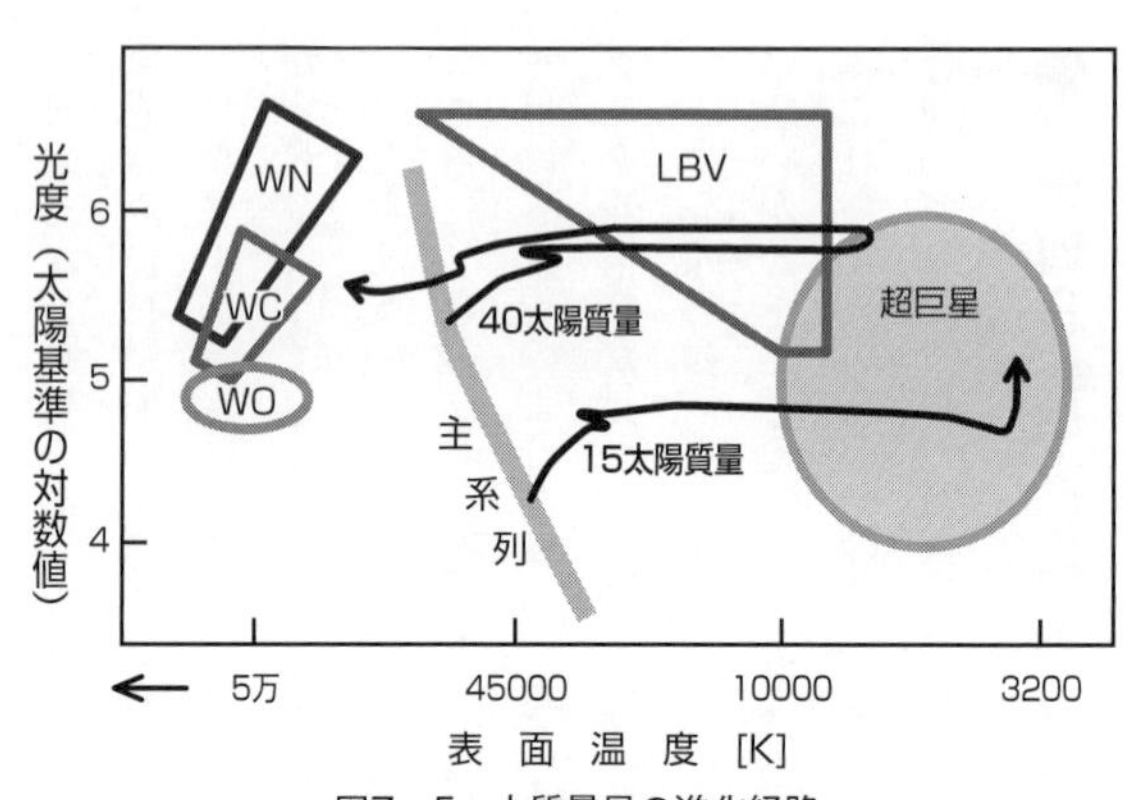

図7－5　大質量星の進化経路
星に含まれる金属の量によっても経路は変わってくる

の後半は、その話をしたいと思います。その前に、しばらく重い星の終末の話が続きますが、WR 104の恐ろしさを理解していただくためなので、どうかおつきあいください。どうしても先に結論を知りたい方は、ここはワープしてもらってもかまいません。

まず、WR星の進化上での位置について、簡略化して説明します。

WR星はもともとO型星でした。誕生時の質量が25太陽質量以上の星は、末期になるとWR星になることは、さきほども説明しました。主系列を離れてからのルートは、質量や金属量によってだいぶ違ってきます。途中で、超巨星やLBVを経由することもあります（現在のりゅうこつ座イータ星の主星はLBVでした。でも疑似的超新星爆発を起こしたので、近い将来に爆発するかもしれないというわけでした）。

大ざっぱにいえば、いずれもHR図上では、いった

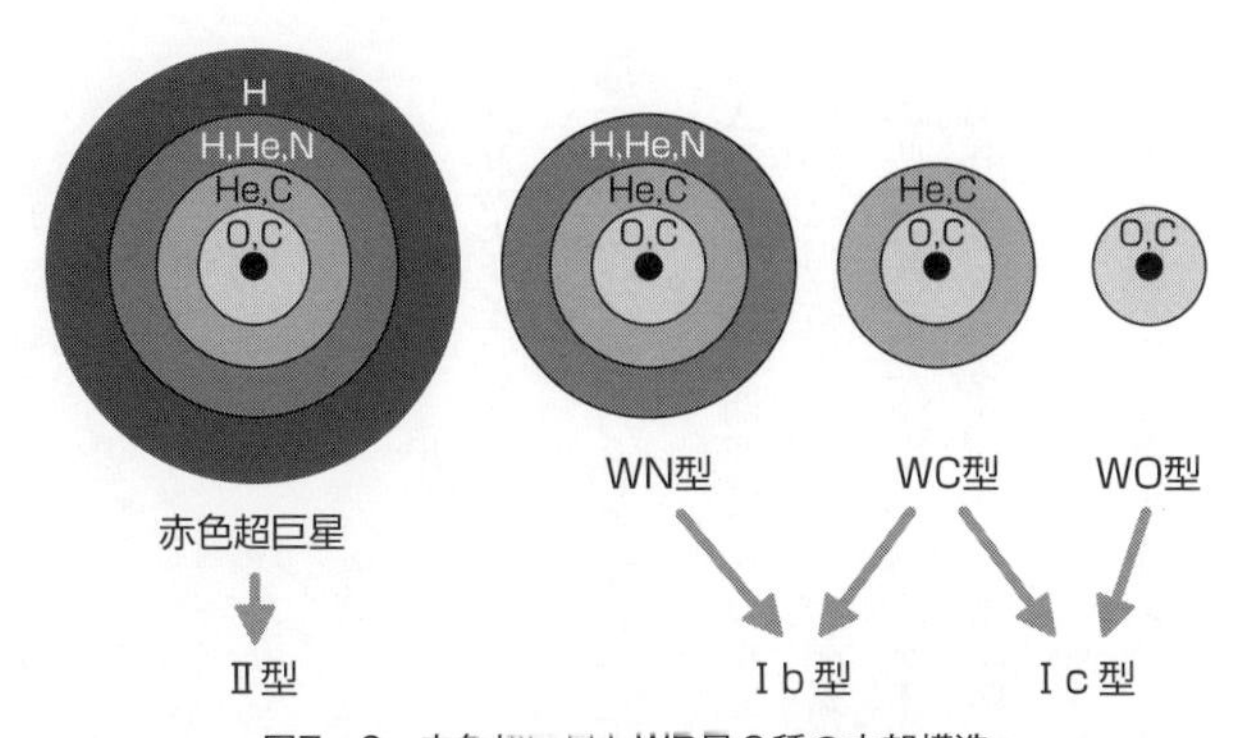

図7-6　赤色超巨星とWR星３種の内部構造
重力崩壊型の超新星爆発をすると３つのパターンに分かれる（大まかなモデル）

ん右（低温度）側の超巨星に進んだかと思うと、左（高温度）側へ返ってきます（図７-５）。

では、ＷＲ星はなぜ3種類あるのでしょうか？　これも、進化位相の違いだと考えられています。前章で質量の大きな星の進化を説明しましたが、このような星の内部構造の図をもう一度見てください（図７-６）。各種元素がタマネギ状構造をしていました。ところで、ＷＲ星からはものすごい風が吹いていて、どんどん外層が失われているのでした。ついに、いちばん外側にあった水素がなくなり、ヘリウムの層が出てきてしまいます。詳細は省きますが、星の元素合成の産物である窒素も、この層に存在しています。これがＷＮ型の正体です。

進化が進むと、激しい星風によってさらに外層が取り払われ、ヘリウム原子核3個が融合して炭素が形成される部分（第４章参照）が見えてきます。この段階が、WR 104などが属するWC型です。

さらに進化が進み、ヘリウム層の大部分を失ったものがWO型です。WO型はたいへんレアなもので、天の川銀河には数個しか発見されていません。

以上からひとことでいえば、大質量星がそのすさまじい星風によって外層を失った星がWR星というわけです。外層がどんどん吹き飛んでしまったので、半径は太陽の数倍程度なのです。星の内部がむき出しになって直接観察できる星ともいえますので、星内部を研究する専門家には貴重な存在です。

◆WR星のタイプと超新星爆発のタイプの関連

WR星である期間は10万年という桁なのですが、では、その後はどうなるのでしょうか?

最後は超新星爆発です。超新星爆発は、そのスペクトルの特徴でクラス分けされています。水素の吸収線が見えないものをI型、見えているものは**II型**といいます。I型はさらにサブクラスがあります。まず、ケイ素の吸収線が見えるかどうかで分かれます。見える場合は**Ia型**です。見えないものは、今度は、ヘリウムの吸収線の有無で二分されます。ヘリウムがあるときは**Ib型**、ないなら**Ic型**です(さらに細かい分類もありますが、さすがにマニアックになってしまうので、ここまでにします)。

これらの分類は、何を意味しているでしょうか？

まず、Ｉａ型は、前章で少しふれたように核爆発型です。これは、ここでの議論である重力崩壊型から外れてしまいますので、これまでにしておきます。

水素の外層を持つ赤色超巨星が爆発したら、それがⅡ型になります。ベテルギウスが爆発する場合は、このタイプです。

ではＩｂ、Ｉｃはどんな星の爆発でしょうか？　もうおわかりですよね。ヘリウム外層がまだ残っているＷＮ型やＷＣ型の段階で爆発するのがＩｂ型です。ヘリウムをほとんど失ったＷＣ型や、ヘリウムを完全に失ったＷＯ型の超新星爆発が、Ｉｃ型というわけなのです。

ここで登場したＩｃ型の爆発は、最近ではある現象と関連しているといわれていて、注目されています。それについて、これからお話しします。

◎◆ガンマ線バーストとＷＲ星

１９６０年代後半に、宇宙からは突然、ガンマ線がごく短い時間だけやってくることが衛星の観測でわかり、１９７３年になってこの現象は**ガンマ線バースト**と名づけられました。くわしくはブルーバックスの『宇宙最大の爆発天体　ガンマ線バースト』（村上敏夫著）をご参照ください。

ガンマ線バーストがどこで起きるのか、いったい何が爆発しているのかなどは、長らく宇宙の謎でした。なかには、地球外文明の開発した反物質ロケット（物質と反物質が衝突して生じるガンマ線を推力に飛行するロケット）の点火ではないかと考えた科学者もいて、ガンマ線観測装置が搭載された金星探査機のデータが解析されたこともありました。いや、それどころか、ガンマ線バーストそのものが地球外文明からのメッセージではないかという考えも出てきました。

1990年代になると、ガンマ線バースト観測専用の衛星がいくつか打ち上げられました。新しい衛星が上がるにつれて、しだいに空間分解能（つまり解像度）もよくなり、ガンマ線源の位置が絞りこまれていきました。また、地上の天文台との連携プレーもうまくいくようになり、データが蓄積されていきました（ガンマ線バーストの発生頻度は1日に1回程度です）。こうして、ガンマ線バーストの正体がおおまかには解明されてきたのです。

ガンマ線バーストの継続時間は0・1秒から数分程度なのですが、継続時間を調査すると、2種類あることがわかってきました。キーワードは「2秒」です。

2秒以上継続するものは**ロングガンマ線バースト**。それ以下のものは**ショートガンマ線バースト**です。このうち、ショートガンマ線バーストの原因は、中性子星どうしの合体だといわれていますが、まだ不明な点もあり、今後の研究が期待されています。

では、ロングガンマ線バーストのほうはどうでしょうか。ガンマ線観測衛星がバーストをキャッチすると、その情報がインターネットでただちに地上の天文台に伝わります。そして、地上の望遠鏡がすぐにその位置を撮影したり、スペクトルを観測したりします。

ロングガンマ線バーストの位置に写っていたのは、超新星でした。そして、そのスペクトルはＩｃ型のスペクトルだったのです。正確には、通常のＩｃ型よりも膨張による運動エネルギーが１桁高く、膨張する速度は３倍ほど速い様子を示すスペクトルでした。速度はじつに光速度の１割にも達しているのです！　このような観測が、何度かなされているのです。

この分野の研究は現在も進行中なので、詳細な謎解きはまだまだこれからですが、ロングガンマ線バーストの正体は、どうやらＷＲ星の超新星爆発であろうと考えられるようになっています。なお、前述のように過去４００年ほどの間、天の川銀河の中では超新星は観測されていません。これまでに観測されているガンマ線バーストは、すべてよその銀河に出現したものです。

ガンマ線バースト（ロング）を起こす星の超新星爆発は、膨張の運動エネルギーが通常の超新星より１桁大きいので、**極超新星**（ハイパーノバ）とよばれるようになりました。

●◎◆ＷＲ　104は地球を向いている！

少し説明が長くなってしまいましたので、ここまでの話をまとめます。

・ヘリウムをほとんど失ったＷＣ型（やＷＯ型）が超新星爆発するものが、Ｉｃ型

・ガンマ線バーストを起こすような激しい超新星爆発が、極超新星（爆発）
・極超新星のスペクトル型は、Ｉｃ型の規模が大きなもの
これらをつなげると、つまり、こういうことになります。

「一部のＷＣ型星は、ガンマ線バーストを起こすと考えられる」

極超新星からは、ガンマ線が極方向に双極状、それも約5度という非常に限られた角度でビーム状に放射されます。このビームがたまたま地球を向いている場合に、ガンマ線バーストとして観測されるわけです。

極超新星爆発を起こすと、あとに残るのはブラックホールです（ブラックホールになるための星の質量の境界は30太陽質量程度と考えられていますが、詳細はわかっていません）。

結局、何がいいたいのかというと、ＷＣ型のＷＲ　１０４も、最後の最後は極超新星になる可能性があるのです。そして、ＷＲ　１０４が地球からは渦を巻いて見えるということは、公転面をほぼ地球に向けているわけです。公転面は自転軸の向きと普通は考えられますので、もしＷＲ星の自転軸が5度の範囲内で地球側を向いていたら、ガンマ線バーストとして観測されるのです。

◆地球生命が大量絶滅する可能性は

天の川銀河の内部でガンマ線バーストが起きて、もしビームが地球を向いていたら、地球上で

どのような影響があるかを研究したグループがあります。

たとえば、彼らが2005年に出した論文によりますと、もし約6000光年先の天体がガンマ線バーストを起こすと（バーストは10秒程度なのですが）、緯度によってはオゾン層の55％が破壊されます。これにより、太陽から降り注ぐ紫外線が3倍となります。とくに食物連鎖の基底部に位置する光合成プランクトンには致命的です。論文中には「生命大量絶滅が起こる候補として明らかな可能性がある」とまで書かれています。彼らのグループはまた、オルドビス紀の生命絶滅はまさにこうしたガンマ線バーストが原因となった可能性があると考えています。

WR 104の地球からの距離は7500光年ですが、この程度だとけっこう誤差が大きいので、この論文の内容は気になります。万が一のことがあればただごとではありません。

この論文が出されてから7年が経った2012年は、オカルト好きの方々にとっては有名な年のようです。なんでも、マヤ文明で使われていたある暦が、この年の12月で終わっているので、そこで人類は絶滅する、というのだそうです。

大変です。ガンマ線バーストによる生命大量絶滅の可能性と、WR 104がリンクしてしまいました。2012年の人類絶滅の一つの候補として、WR 104によるガンマ線バーストがリストされてしまったのです。さて、その結果は？　どうなったと思います？　じつは、人類は……絶滅しなかったのです。そりゃ、みなさんが無事にこの本を読んでいるのですからおわかりですよね。失礼しました。

では、ＷＲ　１０４はいつ爆発するのでしょうか？　答えは、10万年以内です。確率的には、私たちがこの世を去ったあとのことになるでしょう。ほかの天体を含めて考えても、地球に影響をもたらすようなガンマ線バーストは数十億年に一度くらいの頻度のようです。

それでも、もしもＷＲ　１０４が実際に極超新星爆発を起こしてしまったら、地球にガンマ線のビームは到来するのでしょうか？

この天体の自転軸が地球に向く角度は、まだ議論中の課題で、正確な数値はわかっていません。ビームが放射されるのは5度という狭い角度ですので、それが地球の方向に向いていないことを祈りましょう。

そもそもＷＲ　１０４が極超新星になるのかも、まだまだ不確定な要素があるので断定はできません。トゥシルらも２００８年に出した論文の中で最後にこの問題について言及していますが、関連材料となる質量、金属量、進化位相などなどに未知数が多いので、現在のところは結論できない、としています。ＷＲ　１０４星についても、極超新星やガンマ線バーストについても、これからの進展が待ち望まれる研究分野ですので、長い目で見守りたいと思います。大丈夫、すぐには爆発しませんから。

第  章

おうし座V773星

世界が追いかけた恋人たちの熱いキス

もうお気づきのように、本書には多くの連星系が登場します。星も人間同様、1人より2人のほうがずっとドラマチックです。なかでもこの章の主役となるペアはまだ思春期、しかも遠距離恋愛！　太陽の10万倍という情熱が久々の再会でぶつかりあうと何が起きるのか？　地球人は大観測網を敷いて「その瞬間」を狙いました。私も直接かかわった、その一部始終をどうぞ。

◎◆黒点は太陽表面に現れた「磁石」

「この丸いのが太陽です。端から端まで、地球の109倍の大きさがあります。この黒いのが黒点、太陽表面の磁石です。小さいけど、これくらいでも地球よりずっと大きいんですよー！」

私の職場では、一般市民を対象に、太陽の観察会をすることがあります（もちろん晴れたら、の話です）。裸眼で太陽を見るのは目によくありませんし、望遠鏡で太陽を直接のぞくと目が文字通り目玉焼きになってしまいますので、特殊な減光フィルターを取りつけた望遠鏡で観察してもらっています。

太陽は、地球に最も近い星であり、表面の様子などを詳細に観察できる星です。第2章でお話ししたように、星は内部から表層側に移動してくるエネルギーの運搬方法によって、二つのタイプに分かれます。F型あたりを境にして低温の星は内側放射／外側対流、高温の星は内側対流／外側放射でした。母なる太陽はG2型なので、外側で対流が起こるタイプです。

星の内部は高温になっていますので、水素やヘリウムなどの原子から電子が飛び出して電離してしまいます。太陽の構成物質は、質量にして99・9％が電離しています。ご存じのように、電子はマイナスの電荷、電離した原子核はプラスの電荷を持っています。太陽の外層では対流が起きるので、電気を帯びた粒（これを**プラズマ**といいます）が流れを起こしていることになりま

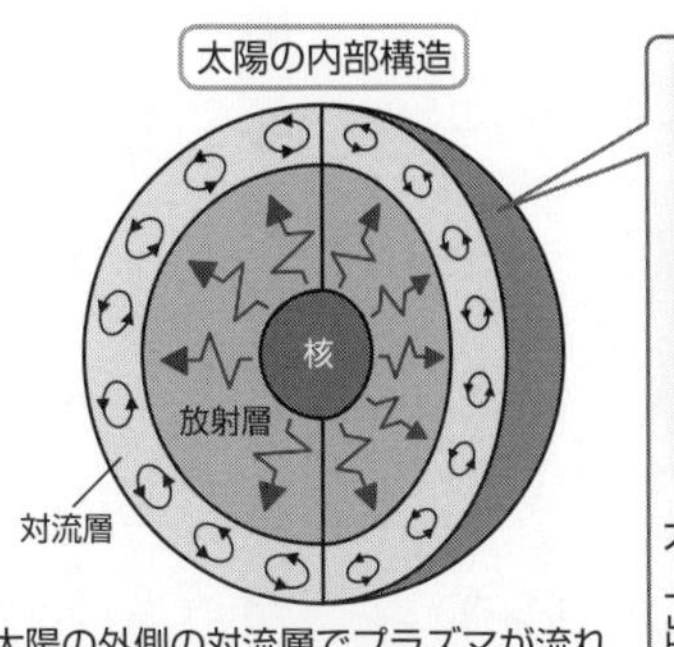

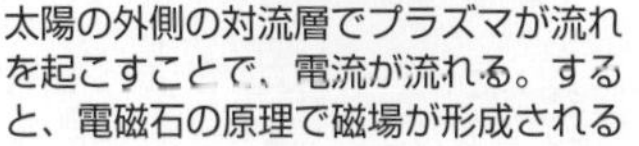
太陽の外側の対流層でプラズマが流れを起こすことで、電流が流れる。すると、電磁石の原理で磁場が形成される

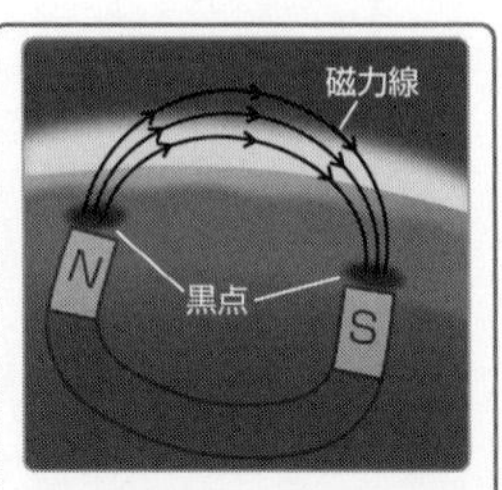

太陽内部の磁力線が表面より上部に、ループを描いて浮き出す。磁場の強い部分は対流が抑制されるので温度が下がり、黒点として見える

図8－1　太陽の内部構造と表面の様子の模式図

す。つまり、電流がクルクル回りながら流れているようなものです。すると、電磁石になるわけです。太陽はこのようなメカニズムで磁場を形成します。いうなれば、太陽は巨大な電磁石なのです（図8－1）。

詳細なしくみは割愛しますが、内部にあった磁力線が、太陽の表面より上部に、ループを描いて浮き出しているところがあります。磁場の強い部分は、対流を抑制してしまいます。すると、内部からのエネルギーが届きにくくなりますので、この場所は温度が低くなります。このエリアが**黒点**です。ループ状の磁力線が太陽表面と交わっている場所なので、S極とN極、二つの黒点がペアになって出現するのが基本です（片方が消えた場合は一つだけのこともあります）。

約6000度の表面温度に対して、黒点の温度はおよそ4000度です。温度の低い物体ほど、放射される光の量が少なくなり、逆に周囲は明るいので、相対的に黒く見えます。本当は黒点も、4000度もあるのでオレンジ色をしているはずですが、周囲との対比で黒く見えるのです。

◆磁力線からフレアが発生するしくみ

「今度はこちらの望遠鏡で見てください。これは、太陽が出す光の中で、ある波長の赤い色だけ見ることができる望遠鏡です。これでのぞくと、太陽の縁(ふち)から炎——太陽は燃えているわけではないので炎ではないんですが、炎のようなものが立ちのぼっているでしょ? これがプロミネンスでーす!」

特定の吸収線の波長で観察すると、太陽の活動の様子が観察できます。水素線である656nm(Hアルファ)がその代表例です。この真っ赤な光で観察すると、(可視光で見える)太陽表面の上を、**彩層**が薄く取り巻いているのを見ることができます。彩層は磁場と密接な関係にあります。簡単にいえば、Hアルファで観察すると彩層の様子、ひいては磁場活動がわかる、と覚えておいてください。

彩層から立ちのぼっているのが、**プロミネンス**。太陽表層に浮上したループ状の磁力線に沿って存在しているプラズマです。皆既日食のときに、黒い太陽の周囲を白いベールのようなものが取り囲みますが、あれが**コロナ**で、太陽の周囲に薄く広がっているプラズマです。私も一度だけですが、皆既日食、そしてコロナを見たことがあります。感動しました。感動しすぎて声を出して泣いてしまいました。「ウェーン！　ウェーン！」。号泣です。これだけでも、1章分執筆できるネタなのですが、先に進みましょう。

Hアルファで観察していると、黒点の周囲などが突然、明るく輝く現象が起こります。**フレア**です。太陽表面での大爆発です。規模の小さいものでも、水爆100万個分のエネルギーがあります。フレアが起きると、そこから強いX線と電波が放射されます。

フレアはどうして起こるのでしょうか？　ループ状の磁力線は、しだいにくびれてくることがあります。するとついには、となりにある逆向きの磁力線（表面から宇宙空間へ向かう方向と下る方向があります）と接触（リコネクション＝再結合）します。**磁気リコネクション**という現象です。これが、フレアの巨大なエネルギー源となるのです（図8－2）。

磁気リコネクションが起こると、接した磁力線はつなぎ変わって、上下に分かれます。上のものはV字型、下のほうは逆V字型になります。弦を目いっぱいに引いた弓や、アーチェリーのような形に思えてきますが、磁力線もまさにそうで、ここから矢が放たれます。矢に相当するものは、プロミネンスのように表層に浮いていたプラズマです。下の弓から放たれたプラズマは、太陽の表層に激突して高熱を生じます。これがフレアです。一方、上の弓から放たれたプラズマ

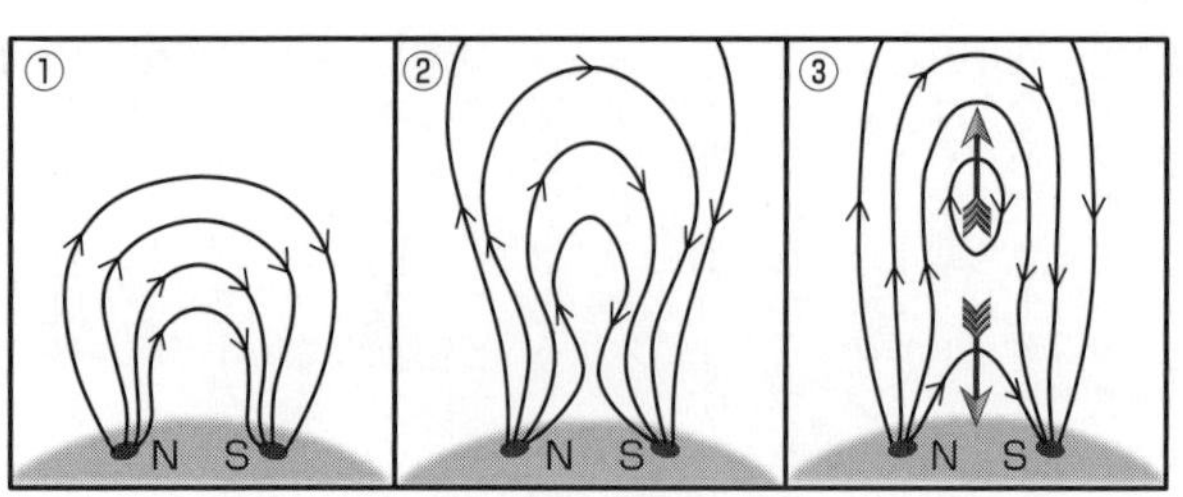

①：ループ状の磁力線がしだいにくびれてくる
②：となりにある逆向きの磁力線と接触する（磁気リコネクション）
③：磁力線がつなぎ変わって上下に分かれ、プラズマの「矢」が上下に放たれる

図8－2　磁気リコネクションとフレア

は、宇宙空間へと飛び出していきます。こちらの現象は、コロナ中のプラズマを多く含んでいるので、**コロナ質量放出（CME）**とよばれます。放出直後のプラズマの塊の大きさは太陽半径ほどになることもある、大規模な放出現象です。

フレアのメカニズムについては、その道の専門家でもわからないことがあるのですが、かいつまんでいえば、このようなものだと思ってください。

ここまで、いくつも用語が出てきて混乱しそうですが、最低限、次のことを覚えておいてください。

★太陽の外層部では対流が起きている。これが原因で磁場が生じる
★黒点は表面にできた磁石である
★磁気リコネクションが起きるとフレアが発生することがある
★フレアが発生すると、電波、X線、Hアルファ線など

の強度が上がる。CME現象も起きることがある
　さて、いきなり太陽の話から始めたのには、理由があります。じつは宇宙には、太陽より激しい磁場活動を起こす星がたくさんあるのです。いえいえ、太陽なんて、彼らに比べたら、じつにおとなしいほうです。なかでも磁場活動が活発なタイプの星に、**おうし座T型星**があります。では、それはどのような星なのでしょうか。

◆「思春期の星」の内部は激しく活動している

　前主系列星（第4章参照）のなかでも、2太陽質量以下の、質量が小さいグループの星は、プロトタイプの名前をとって、おうし座T型星とよばれています。このタイプの星の内部では、かなり激しい対流が起きています。そして、高速で自転しています。その周期は、1日から1週間程度です。太陽の自転は約30日なので「未成年の星」おうし座T型星の内部は、かなり掻き回されていることが容易に想像できます。思えば私も（きっと読者のみなさんも）子供時代、それにティーンエイジの頃のハートは、このような感じでした。激しい対流、そして高速の自転。おうし座T型星もこのため、太陽をはるかに超える磁場活動が確認されています。

　たとえばおうし座T型星は、可視光で観測したときに変光することが知られています。これは星表面に巨大な黒点が生じるせいです。巨大黒点が地球側を向いたときに、暗くなるわけです。

太陽と類似した彩層による輝線スペクトルも、1945年に発見されています。

時は進んで、1978年に打ち上げられたアメリカのX線天文衛星が、おうし座T型星から出されたX線を検出しました。その強さはなんと、太陽の1000倍レベル。しかし、電波のほうはさらに目を見張るもので、なんとなんと太陽の10万倍！

では、いよいよ今回の主役の登場です。その名は、**おうし座V773星**（以下V773）。おうし座T型星の中では、後期の進化段階にあり、人間でいえばティーンエイジャー、いわば思春期の星です。いつの時代も、この世代の若者たちはエネルギーに満ちていますが、V773もしかりです。すさまじいパワーを誇るおうし座T型星のなかでも、最大級のフレアを電波でもX線でも発生させるので、とくに注目が集まっています。も〜、とにかく、超エネルギッシュな星なのです！

●◎◆V773は雄牛の後ろ首にあるオレンジ色の11等星

全知全能の神様ゼウスは、ある日、とても美しい姫エウローペにひとめぼれしてしまいます。ゼウスは白い牛に変身して、エウローペに近づきます。はたしてゼウスの思惑は成功するのでしょうか？　このギリシャ神話の続きは、読者のご想像に委ねることにしますが、このときにゼウスが化けた牛がモチーフになっているのが、おうし座だといわれています。冬の代表的な星座で

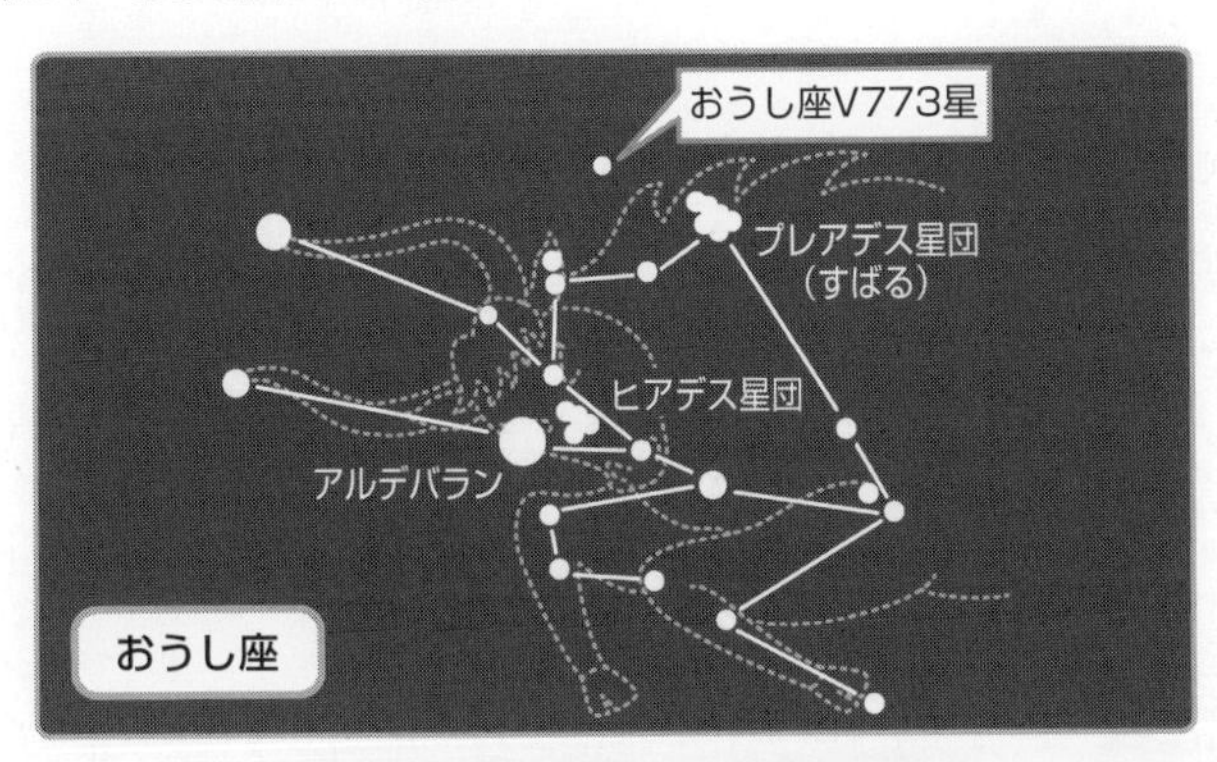

図8－3　おうし座の中のV773星の位置

す。プレオネがあるすばるも、おうし座の散開星団でした。

このおうし座と北隣のぎょしゃ座のあたりに、たくさんの星が生まれている場所があります。**おうし座－ぎょしゃ座星形成領域**という、地球に最も近い星形成領域のひとつで、そこには生まれたばかりの赤ちゃんの星が数多く存在しています。おうし座T型星のプロトタイプであるおうし座T星もこの領域の天体です（ちなみに、すばるはこの領域とは関係ありません）。

星が産声をあげるこの場所の中央部に、小さな星雲バーナード209が存在します。リンズ1495Wともいいます。ここには活動的なおうし座T型星がいくつかありますが、そのなかで最も研究されているのが、V773なのです。

星座図ではこの星は、東を向いている雄牛の後ろ首あたりに位置しています（図8－3）。地球からの距離はおよそ430光年の、オレンジ色の星です。11等星ですが、おうし座－ぎょしゃ座星形成領域の中ではかなり明るい星の一つです。

V773がおうし座T型星であるとわかったのは、1976年のことでした。Hアルファなどの輝線があるかどうかなど、そう認定されるためのテストに合格したわけです。その10年後、アメリカ国立電波天文台が誇る**超大型干渉電波望遠鏡（VLA）**が、この星からの電波を受信しました。VLAはニューメキシコ州の砂漠に口径25mのアンテナを27基配列している干渉計で、電波観測では世界最高感度の望遠鏡の一つです。

●◎◆全米同時観測の腑に落ちない結果

それにしても、なぜこの若造の星、V773に、世界の天文学者が注目するのでしょうか？

その理由は、太陽フレアにあるのです。さきほどは淡々と説明した太陽フレア、じつは天文学者だけの興味の対象ではなく、私たちの生活に直接、影響してくる場合があります。いやそれどころか、命にも関わる大問題にもなりうるのです。

たとえば、太陽フレアによって大停電が起きたことが実際にあります（被害総額10億円以上！）。飛行機が行方不明になったことも事実です。現在では生活に欠かせない人工衛星にも影響がでます（これらの理由を説明する紙数はありません。柴田一成著『太陽の科学　磁場から宇宙の謎に迫る』(NHKブックス) などが良書です)。

このように大きな脅威となるのであれば、フレアが発生するメカニズムを知り、事前に予測して対策をとれるようにすることが必要でしょう。ヒントを与えてくれるのは、何百、何千光年離れた星の磁場活動です。そこでV773のような、巨大フレアを起こす可能性があるおうし座T型星の観測が重要になってきます。V773で巨大なフレアが起こった場合、さまざまな波長で同時に観測できたら、フレア発生の詳細な理由を突きとめることができるからです。

ペンシルベニア州立大学のグループは、そこで画期的なプロジェクトを実行しました。X線と電波によるV773の同時観測です。いえいえ、それだけではありません。可視光線と紫外線も含めた、大がかりな同時観測になったのです。

同じ電磁波でも、波長が異なると、星がそれらを放射している場所が違います。また、放射のメカニズムも異なることがあります。ですから、なるべく広い範囲の波長で同時に観測することが、天文学ではとくに重要になるのです。さあ来い、フレア!

ただし、このような同時観測は、そう簡単にできるものではありません。宇宙にある衛星にせよ地上の施設にせよ、利用するには通常、申請書を書く必要があります(プロポーザル、業界用語で「ザル」)。ザルはただ書けばいいというわけではなく、審査員にチェックされ、審査にパスして、ようやく利用が可能となります。最新の、そしてすぐれた衛星や望遠鏡ほど、競争率が高くなります。しかも、使える時間も限られてきます。複数の衛星や望遠鏡のザルを通すには、よほど科学的に意味のあるテーマであることをアピールしなくてはならないわけです。逆にいえば、そこが科学者としての腕の見せどころにもなります。

この多波長同時観測は、1992年9月11日に実施されました。宇宙では、ドイツのX線観測衛星ROSAT（使うのは米国のチームですが、ザルがパスすれば外国籍の人も利用できることがあります）と、紫外線のスペクトルが取得できる**国際紫外線衛星（IUE）**がV773のほうを向きました。IUEはNASAなどが打ち上げて紫外線天文学の分野で大活躍した、いわば紫外線研究界の「殿堂入り」をした有名な観測衛星です。彩層の活動がわかるスペクトル線が紫外線域にもありますので、IUEの紫外線分光データから彩層の情報を得ようというものでした。

地上では、アメリカの三つの天文台が参加し、VLAのアンテナ群もV773に向けられました。

この全米チームよる観測は、みごとに成功しました。とくに電波では、VLAが1986年の観測時の5倍も強い電波を検出しました。ただ、この電波はしだいに弱くなっていき、観測開始から9時間後には4分の1の強度になってしまいました。電波フレアのピークは観測が始まる前だったのでしょう。

X線のほうはどうだったのでしょうか？　X線も、強いものが受かりました（天文学の業界用語では検出することを「受かる」といいます）。ところが不思議なことに、電波は弱くなったにもかかわらず、X線はその強度が変わらなかったのです。天文台の一つは6色で測光したのですが、こちらも、どの色で観測しても明るさに変化はありませんでした。

しかも、可視光と紫外線分光の観測結果も、電波強度の変化とは違う傾向を示しました。なんとも腑に落ちない結果となったのです。

●◎◆V773は連星系だった

1995年9月16日、日本のX線観測衛星「あすか」が、V773に向きました。これは当時、京都大学の大学院生だった坪井陽子さん（現在は中央大学准教授）らの観測です。

このときに観測したX線は、すさまじい強さでした。全米同時観測のときにROSATが観測したX線の何千倍もの強度だったのです。それは、前主系列星が放射しているものとしては、過去最高のX線フレアでした。

さらに、同じ年（1995年）の8月、この星はじつは連星系であることが判明しました。主星は1・5太陽質量で2・2太陽半径、伴星は1・3太陽質量で1・7太陽半径の星です。表面温度は主星が4900度、伴星が4700度で、どちらもスペクトル型はK。自転周期はともに約3日で、おうし座T型星としては典型的ですが、太陽に比べたら超高速スピンです。伴星は、主星の周囲を周期51日と2時間で公転していて、その軌道はちょっとつぶれた楕円です。近星点では、伴星は主星に半径のおよそ30倍、約0・3天文単位の距離にまで近づきます。

この公転周期約51日と、軌道が楕円であるということが今回のポイントになりますので、しばしご記憶ください。

全米の同時観測に刺激を受け、V773の大規模観測に乗り出した人たちがいました。ドイツ、スペイン、アメリカ、カナダの連合チームです。

彼らが企画したのは、欧州と北米大陸の施設を用いての同時観測でした。電波とX線での観測は再びVLAとROSATを使用し、地上での可視光調査にはキットピーク国立天文台（第5章のV838の観測で登場しました）など、三つの天文台で臨みました。全米同時観測はたった1日でしたが、この環大西洋同時観測は、1998年8月25日から1週間継続するプロジェクトでした。

さあ、今度は電波とX線の不思議な相関の理由はわかったのでしょうか？　ところが、残念ながら、VLAによる観測は8月30日だけ、それも合計で16分しかできなかったのです。

それでも、X線での観測と、可視光での分光観測は同時におこなうことに成功しました。その結果、X線の強度とHアルファ輝線は、ほぼ同じような変化を示しました。X線強度が増すと、Hアルファ輝線も強くなったのです。両者の間になんとなく相関が見えてきました。

しかし、とにかく電波の観測時間が短かったのが、なんとも歯がゆい。しかも電波観測ができたのは、X線の強度が下がったときだったのです。どうしても同時に観測がしたーい！

◎◆近星点で起きた強烈な電波フレア

ところで、フレアが事前にいつ起こるか予測できるとありがたいですよね。なんとかわからないものなのでしょうか？　同じくドイツ人の別のグループによる画期的な成果が報告されたのは、2002年のことでした。マリア・マッシらは、所属するマックス・プランク電波天文学研究所が運営する100mエフェルスベルク電波望遠鏡を用いて、522日という長期にわたる観測をおこないました。その結果を分析して彼女らは、V773からの電波はある周期で強度が変化していることを発見したのです。その周期は、51日と約5時間でした。

「51日」という数字、覚えていますか？　そうですね、伴星が主星の周囲を公転する周期が51日と2時間でした。電波の強度変化の周期は、公転周期に一致していたのです。さらに、伴星が主星に最も接近するとき、つまり近星点を通過するときに、電波強度のピークがあったのです。伴星の近星点通過前後で、フレアが起きていたのです（図8－4）。ピーク時の電波強度は、なんと太陽フレアの100万倍！　これは、おうし座－ぎょしゃ座星形成領域にあるおうし座T型星が放射する電波の中でも、最も強烈です。これらの現象に気がついたとき、彼女たちはさぞかし

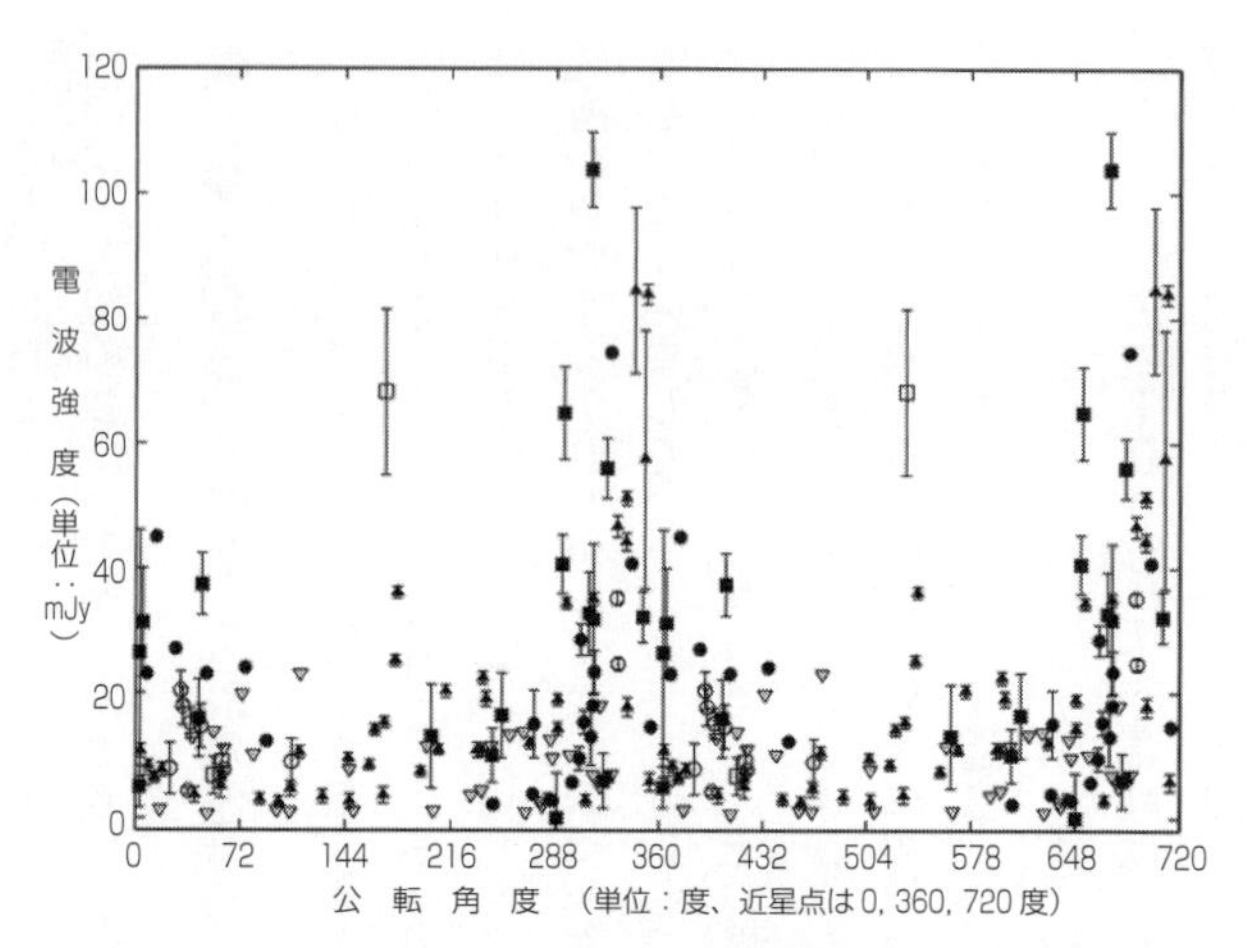

図8－4　V773の電波強度

電波フレアは伴星の近星点通過時に起きる
（Massi, M. et al. 2002 AA 382, 152）

興奮したことでしょう。

ということは、近星点では何かが起こっているのです。

ふりかえってみますと、これまでの観測は、近星点ではないところでおこなわれていました。坪井さんらの「あすか」での観測のときなどは、2つの星が最も離れる位置（遠星点）の付近でした。それでも、X線のほうはすさまじい強度で観測されたのは、やっぱり変ですが……。

ともあれマッシらの発見のおかげで、大きなフレアを狙うには絶妙なタイミングがあることがわかったのです。

◎◆全日本チームの第1次全国同時観測

主星と伴星という思春期の恋人たちは、接近時にいったい何をしているのでしょうか？　いまや、巨大フレア発生の時期が予測できるという、絶好の研究対象となったV773。この近星点通過時に、多波長観測をやるしかありません。

当時、中央大学で坪井さんの研究室にいた飯塚亮さん（現在はJAXA）らは、これまで以上にビッグな同時観測プロジェクトを企画しました。この多波長同時観測プロジェクトは、プロアマ問わず、X線から電波までの専門家が関わった、いわば全日本の総力の結集ともいえるものでした。

X線の観測は、あすかの後継機である「すざく」が担当しました。

電波観測は、国立天文台野辺山宇宙電波観測所の45m電波望遠鏡と、国立天文台の20m電波望遠鏡VERA（岩手県水沢市［現在は奥州市］、鹿児島県薩摩川内市、小笠原、石垣島の4ヵ所）、そして東北大学惑星圏飯舘観測所の惑星シンクロトロン電波望遠鏡に託されました。

分光観測を実施するのは、岡山観測所の188cmを含めた四つの天文台。

そして西はりま天文台のなゆた望遠鏡も、赤外線での測光が任されました。V773の同時観測に赤外線が加わったのは、世界初のことです。さらに西はりま天文台では、60cmと10cm望遠鏡での観測も準備されました。測光を実施するのは飯塚さんです。

この全日本同時観測の特徴は、多数のアマチュア、それもかなりレベルの高い方々が多数参加したことです。日本には電荷結合素子（ＣＣＤ）などを用いて高い精度で測光する技をそなえたハイアマチュアが大勢いるのですが、そのなかでも精鋭の人たちが顔をそろえたのです。

観測期間は、伴星が近星点を通過する２０１１年2月16日から19日の間に設定されました。ピンポイントで近星点通過を狙った世界初の多波長同時観測です。

すべての観測所で準備完了。伴星が主星に接近するのを待ちます。そして、ついに観測スタートの日がやって来ました。まずは電波観測から開始です。18日には観測衛星すざくと、すべての望遠鏡がいっせいにＶ７７３に向きました。

観測は順調に進んでいるかに思えました。ところが、ところがなのです。天候が、全国的に悪化してしまったのです。とくに、すざくが露出している間の一部の時間で、地上の光学、赤外線観測は有効なデータを取得することができませんでした。日本は人工衛星を打ち上げ、大きな望遠鏡を多数保有している天文ハイテク国家です。レベルの高いアマチュアが数多くいることもさきほどお話ししました。しかし、天気の悪い日が多いことも、悲しいかなこれまた日本の特徴なのです。なんとも残念なことですが、しかたありません。

それでも、いくつかの成果はありました。すざくは、みごとにX線でフレアを捉えたのです。

ところがその強度は、あすかで坪井さんが遠星点付近の伴星を観測したときよりも、1桁弱かったのです。

◆リベンジなるか？　第2次全国同時観測

大観測網を敷いたプロジェクトは、悪天候で100%の力が発揮できませんでした。これは、リベンジするしかありません。飯塚さんたちは同じ年に、2回目の同時観測を企画しました。今度は12月22日からの4日間が観測期間と決まりました。

2回目のX線観測は、NASAのスウィフト衛星を利用することになりました。1次観測と合わせると、この同時観測に参加したのは結局、X線天文衛星2機、可視光望遠鏡14台（大学、公開天文台、そして多数のアマチュア観測家）、赤外線望遠鏡1台（なゆた望遠鏡）、電波望遠鏡6台という、なんとも豪華なプロジェクトになりました。国内でこれだけの多波長同時観測は、あとにも先にも聞いたことがありません。

私はというと、野辺山まで出かけていって45m電波望遠鏡での観測のお手伝いをしました。巨大な45mパラボラを操るのは、国立天文台の梅本智文さんです（図8－5）。

12月24日、いよいよ、2回目の挑戦の時がせまってきました。伴星が主星のもとへ近づきます。口径45mの巨大なお椀が空を向きます。

図8-5　梅本智文さん
後方の大きなパラボラが45m電波望遠鏡

「ターゲット／スカイ切り替えビームスイッチ、475RPM」

「アジマス方向にオン・オフ」

宇宙で、そしてほかのいくつもの地点でたくさんの望遠鏡が、同じおうし座方向を狙っているはずです。

「ポインティング補正、5点スキャン終了」

「測定開始」

観測室にはエアコンが入っていますが、その外は氷点下です。野辺山は北海道と同じくらい寒い場所なのです。ときどき、雪も舞います。

やがて、ベートーベンの「運命」の音が観測室に流れます。45mの露出が終わると自動的に鳴るように設定されている電子音なのですが、粋なはからいです。

「測定終了」

「トータルパワーを確認します」

二人で黙々と、観測を続けます。2011年のクリスマスイブはこうして、おじさんどうしが二人だけで過ごすことになりました。

やがて、予備的な解析をされていた梅本さんが、大きな声をあげました。

「うわ！　受かってるよ！」

まさしく、巨大な電波フレアが起きていたのです！　サンタクロースから素敵なプレゼントをもらって、おじさんたちは大興奮でした。

あとからのくわしい分析によって、このときのフレアは、マッシらの観測時に並び、過去最大規模のものだったことがわかりました（このとき、Hアルファ輝線も強度が増加しました）。

◉◆電波フレアは恋人たちの「再会のキス」だった！

さて、ではなぜ、近星点ではこのように巨大な電波フレアが起きるのでしょうか？

おうし座T型星は、単独星でも磁場活動が活発な星です。実際には複雑なメカニズムがあるのですが、簡単にいえば、やはり磁気リコネクションでフレアが起こると考えられます。

V773の場合は、そこに同じような星が接近してきます。すると今度は、お互いの磁力線が接触することによる磁気リコネクションが起きると考えられます。つまり、自身の磁力線ではなく、相手の星に由来する磁力線のリコネクションで、フレアが起きるのです。51日ぶりに会った遠距離恋愛中の恋人が再会して、燃えるようなキスをするわけです。

ところで、かねてより主星には巨大な黒点が存在していることがわかっていました。１９８１年のキットピーク天文台での測光観測によって、主星の明るさが自転周期と同じ約3日で変化することが確かめられていたからです。

日本の第2次多波長同時観測でも、黒点の存在がわかりました。紫外線と可視光線での光度変化が認められたからです。それどころか、さらに重要な情報が得られました。フレアの発生は、黒点の位置と関係があったのです。たいへん興味深いことです。巨大電波フレアは、黒点が伴星のほうを向いたタイミングで起きていたことがわかりました。この黒点は主星の星表面のおよそ2割を占める大規模なものです。この黒点上空に伸びる強い磁場が、伴星の磁場とリコネクションを起こすのでしょう（図8－6）。

サンタクロースは、さらに素敵なものをプレゼントしてくれました。この巨大電波フレアが起きたとき、紫外線と可視光線は逆に暗くなったのです。これは、このときにＣＭＥ（この章の冒頭で説明したコロナ質量放出です）が起きたことで説明できます。ＣＭＥで噴出された物質によって、星が隠されたと解釈できるからです。

これが本当なら、間接的ながら、太陽以外の星で初めてＣＭＥが観測されたことになります。梅本さんの計算では、放出物の大きさはじつに太陽の6倍もあるそうです。私もこんな貴重な瞬間に、その現場に立ち会えたのは幸運なことでした。

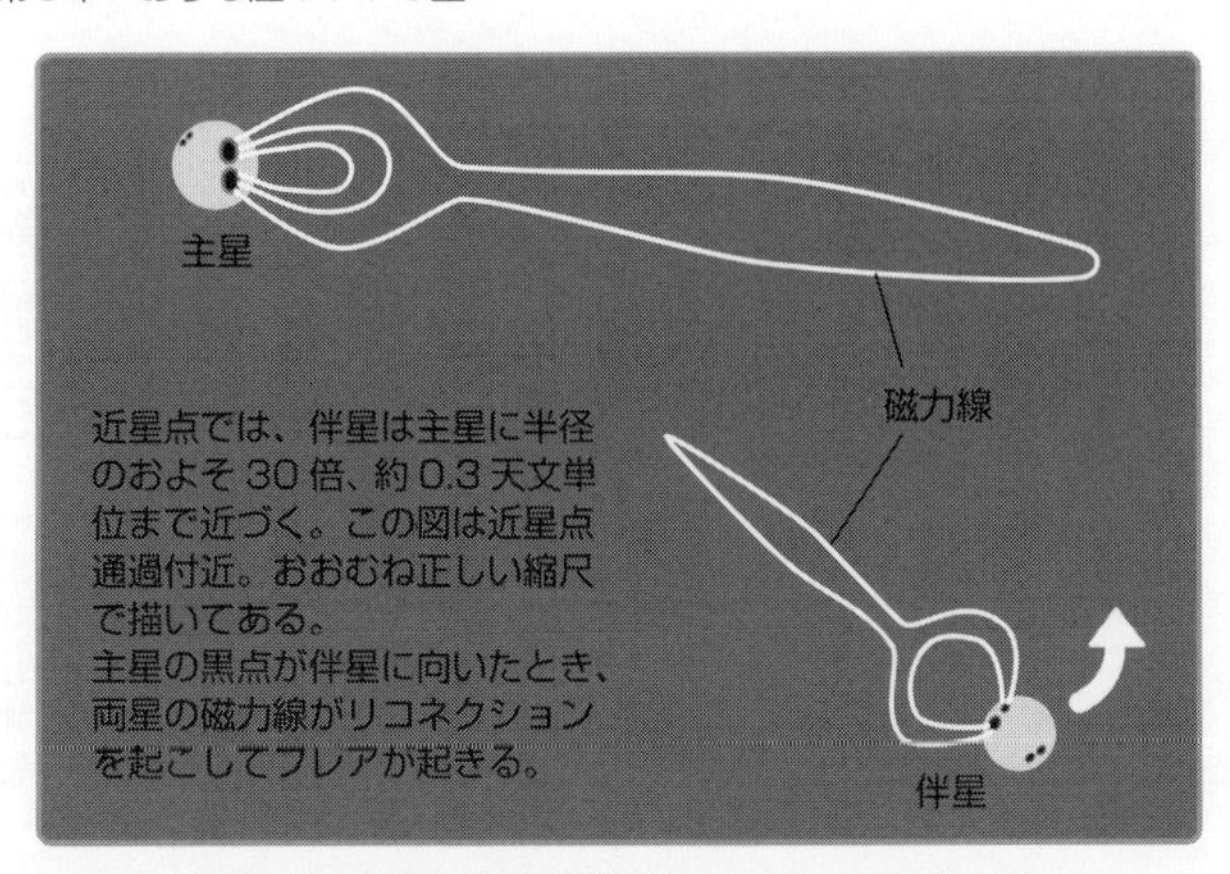

図8－6　主星と伴星の磁気リコネクションのしくみ

では、この第2次同時観測では、X線はどうだったのでしょうか？　X線もたしかに受かったのですが、それがなぜか、強度は過去最低レベルだったのです。過去のX線観測からもわかるように、強いX線フレアの発生のタイミングはどうも、伴星の位置とは関係ない、つまり電波フレアとは異なるメカニズムで発生するようです。逆にいえばそういうことがわかったのも、同時観測があったからといえます。これも収穫の一つです。

こうして、思春期の恋人どうしが再会した瞬間の、熱いふるまいをついに目撃することができました。全国の観測天文家の精鋭たちによる成果です。フレアのタイミングと黒点の位置関係、太陽以外で初めてとらえた可能性があるCME、X線と電波の微妙な関係など、貴重な資料（学術的財産）が得られたのです。そう思いながら現場で観測したときのことを振り返ると、いまでも身震いするほどです。

今回の観測結果から、すぐさま太陽フレアの予測ができるようになるわけではありません。しかし、こうした挑戦によってデータが蓄積されれば、いつの日か、それもかなうことでしょう。そして、きっとその日、後世の人たちは、一連の同時観測がおこなわれたことも評価してくれるでしょう。

ケフェウス座VW星

ひょうたん星は究極の愛のかたち

さまざまな「へんな星」をご紹介してきましたが、形のへんさでいえばこれが一番でしょう。「星は球形」という概念さえくつがえす、ひょうたん星！　おうし座Ｖ７７３星が思春期の純情ペアならば、こちらは進化した愛の究極の姿なのです。「私たち、どうなっちゃうの」「心配ないさ」と囁きあっているのかどうか、引き返せない2人は「黒い大陸」へと突き進むのです。

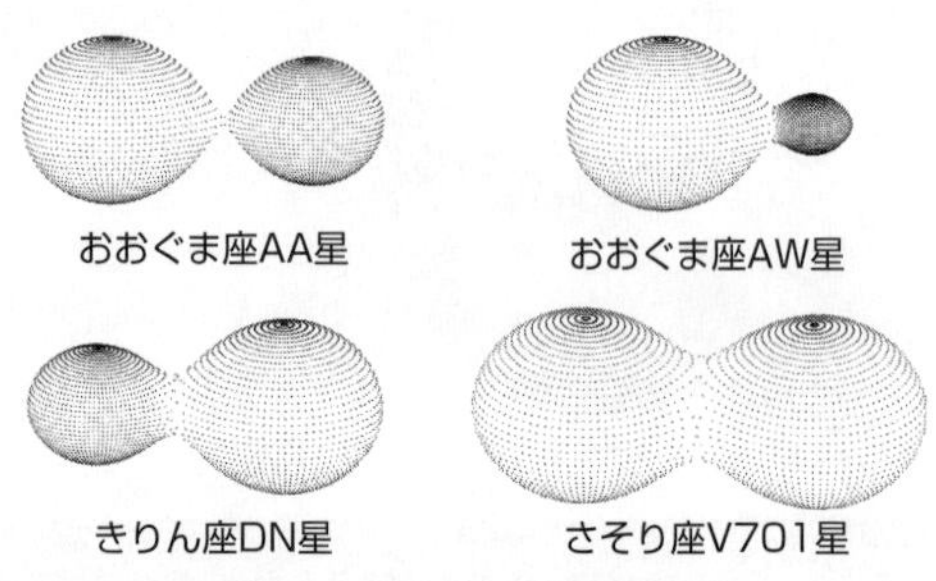

図9－1　さまざまな接触連星系
(http://www.binarymaker.com)

まず、ともかく図9－1を見てください。これらを見て、みなさんはどう感じますか? 私は、興奮します。なぜって、星なのに球ではないからです。まるで、ひょうたん、雪だるま、ボウリングのピンではないですか! 小さい岩のかたまりのような小惑星なら、こういった形状もよくあるのですが（はやぶさが行った「イトカワ」もしかり）、これは恒星、つまりガスですよ。この常識を逸脱した星のことを、私は「ひょっこりひょうたん星」と密かによんでいます。いったいぜんたい、どんな星なんでしょう?

◆恋人どうしがくっついた近接連星系

夜空にきらめいている星の多くは、連星系です。望遠鏡で観察してちゃんと二つに分離して見える連星系を、**実視連星系**といいます。二つの星の間隔は、実際には何十、何百、何千天文単位、あるいはそれ以上の場合もあり、公転周期も、何十、何百、何千年、あるいはそれ以上になります。このような場合は、重力的な結合はあっても、個々の星は単独星と変わりません。

ところが、もっとずっと接近している連星系というものがこの宇宙には存在します。2星間の距離が星の半径の数十倍以下で、公転周期もおよそ10日以下になると、「単独星がたまたま二つある」ではすまなくなり、お互いに「ちょっかい」を出すようになります。何らかの相互作用を生じるほどに接近した連星系のことを**近接連星系**といいます。

近接連星系は、地球から観察していても一つの星にしか見えません。恋人どうしがあまりにも接近していて、遠くからだと一人にしか見えないようなものです。ところが、ある現象が起きると、連星系だとバレてしまうことがあります。たとえば、たまたま2星の位置が、地球から見ると一つの星が相手の星によって隠される、つまり食を起こす関係にある場合です。一つの星が隠されるので、地球から見ていると、その星の明るさが周期的に暗くなるのです。このような連星系を**食連星**といいます。なお、食には主極小と副極小の2種類があります（図9－2参照）。

現在では光学干渉計を使って、二つの星に分解して撮影されている食連星もあります。こと座ベータ星、アルゴル（ペルセウス座ベータ星）などは、CHARAという干渉計を用いて、二つの星がぐるぐる公転して、たしかに食を起こしている様子までちゃんと撮影されています。

その動画を見て、私は口がきけなくなるほどの衝撃をうけました。

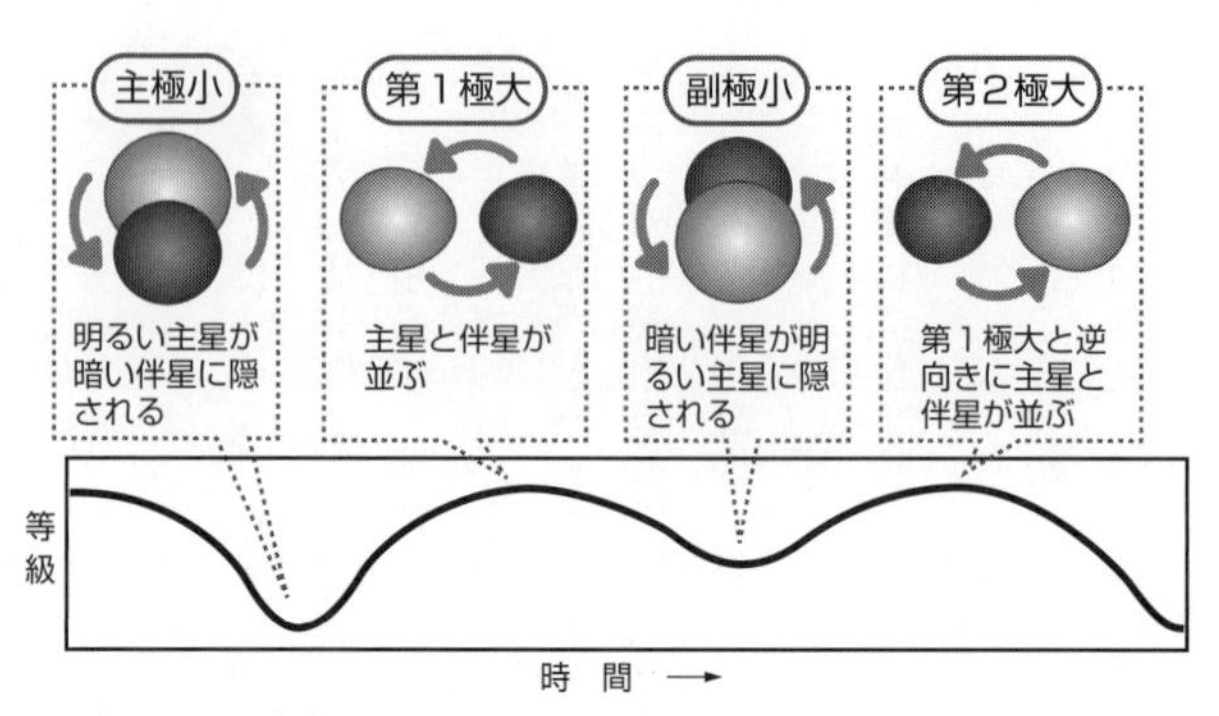

図9－2　食連星の光度曲線
はくちょう座V1425星の光度曲線。上部はシミュレーションによって得られた星の形状

●◆食連星で星の物理量がわかる

二つの星の組み合わせによって、食連星の光度曲線はいろいろな形になります。では、光度曲線の形状を決めている要素は、なんでしょうか？

ズバリ、2星の光度と半径、そして軌道傾斜角です（厳密にいうと、質量比も）。**軌道傾斜角**とは、連星系の公転面が地球に対してなす角度です。この三つが主要素、お料理でいえば食材です。このほかに、スパイスに相当する要素もいくつかあるのですが、ここでは省略してかまいません。

逆にいえば光度曲線の解析をすると、これらの物理要素が決まることになります。第2章でもお話ししたように、星の光度は半径の2乗と、表面温度の4乗に比例します。ですから、光度と半径が決まれば、表面温度まで決定できるわけです。これだけでも食連星

図9－3　コパールの肖像
（2014年発行のチェコの切手）

は、天体物理学にとってありがたい存在なのです。

現在はコンピュータでこれらの物理要素をパラメータにして、人工的に光度曲線を描くことが可能です。コンピュータシミュレーションですね。パラメータをいろいろ変えてみて、人工光度曲線を観測されたものにフィットさせることで、二つの星の物理要素を決めています。

現在のコンピュータシミュレーションは進んでいますので、解析結果は実際の様子にかなり近い形状を描けていると考えられます。ひょうたん形になっていても、です。ちなみに私の修士論文のテーマも、ある食連星の光度曲線の解析でした。

愛が進化すると恋人たちはどうなるのか

ここで、一人の天文学者を紹介する必要があります。1914年に東ボヘミヤで生まれた、**ズデネク・コパール**です（図9－3）。コパールは数学がとても得意で、若い頃はアメリカでアポロ計画にも携わりましたが、30代後半からはイギリスのマンチェスター大学で活躍しました。

このコパールのもとで学ばれたのが、元国立天文台の**北村正利**

図9－4　北村正利先生（左）と中村泰久先生

先生です（図9－4）。北村先生は日本の連星研究をリードされた方で、その教えを受けたのが、山崎篤磨さん（のちに防衛大学校）、岡崎彰さん（のちに群馬大学）、そして私の師匠である中村泰久先生（のちに福島大学）です。この3人がその後の日本の連星系研究界のトリオとなります。ですから、コパールは私にとって師匠の師匠のそのまた師匠ということになります。私が大学院を出た頃に他界され、お会いすることができなかったのはとても残念です。

さて、ここでコパールをご紹介したのは、近接連星系では星はどのように進化するかをお話ししたかったからです。連星系でも実視連星であれば、2星の進化はそれぞれ単独星と変わりありません。主系列をすぎて老齢期に入ると巨大化し、進化膨張をします。

では近接連星系の場合は？　コパールは、二つの星の重力と公転による遠心力、それに星の進化理論を組み合わせて考えてみました。すると、近接連星系の行く末には、複雑な進化経路が待ちかまえていたのです。

まず、基本的に、近接連星系が誕生したときは、二つの星はくっついていません。離れています。男女関係でたとえれば、まだ恋愛感情がめばえたかどうかの時期です。でもやがて、星は進化が進むにつれ膨張していきます。男女でいえば、恋愛感情がふくらんでくるわけです。

さらに近接連星系では、星のガスが相手の星に移動するような複雑なことが起きたりもします。恋愛でいうなら積極的にアプローチをかけている段階です。楽しい時期ですが、ここはしょって時間を進め、ほんとうにひとことでいうと、進化膨張の結果、二つの星は、向かい合った1点で接触することになるのです。こうして二つの星がくっついたものを**接触連星系**といいます。ついにファーストキス！　おめでとう！

なお、接触連星系は、スペクトル型が早期型（高温）か晩期型（低温）かで、二つに大別して研究されます。後者の低温接触連星系はプロトタイプの名前から、**おおぐま座W型連星系**ともよばれます。

◉◆過剰接触連星系の登場

では、接触連星系がさらに進化膨張を続けると、どうなるのでしょうか？　コパール先生の理論的予測によると、ある程度まで大きくなることが許されます。その状態にいるのが、じつは、図9－1に見られるような星なのです。やっと本章の主役、ひょっこりひょうたん星ができあがりました。このような形状になった接触連星系を、とくに**過剰接触連星系**（over contact binary：以下は略して**OCB**と記します）といいます。かなり関係が進んだカップルですね。

このOCBほどおもしろい形の星はないでしょ？　でも、ほんとにこんな星が実在するのでしょうか？　現在の光学干渉計をもってしても、さすがに直接は撮影できません。あまりにも接近していて、2星分の差し渡しでさえ、空間分解能より小さいからです。でも、たしかに実在します。シミュレーションを使って解析すると、このようなひょうたん形でないと、観測される光度曲線が説明できないからです。ひょうたんの形になると理論的に予測していたコパールは正しかったのです。

しかし、考えてみると不思議です。二つの星がくっついた。じゃあ、一つの星になったの？　それともやっぱり二つの星？　その答えのカギは、質量です。星の質量は、ほとんどその中心に集中しています。接触連星系もあんな形ですが、質量の分布がわかるメガネがあったとしてそれで観察すれば、質量はそれぞれの星の中心に集中していて、分離した連星系になっています。ですから、二つの星といえるのです。

じゃあ、それぞれの星はどうまわっているのでしょう？　接触連星系といえども連星系なので、お互いの共通の重心のまわりを公転しています。くっついちゃってはいますが、その重心は必ず星のどこか内部にあるのです。2星がまったく同じ質量なら、ちょうど接合部が重心になって、そこを中心にお互いぐるぐると公転します。これはイメージしやすいですね。2星の質量が異なるときは、重心は質量が大きい星の側にあって、そこを中心にまわります。

●◎◆過剰接触連星系は最後にどうなる？

図9-1を見れば見るほどへんてこりんなOCBには、もうひとつ、気になることがあります。二つの星の接合部です。ここここそ「星らしくない」部分ですよね。ここは突き出ていて、（温度の高い）中心から離れた場所なので、暗くなっていると考えられています。

そして、この接合部では、星のガスがひょうたん形の外側にそって循環しているという説があります。ガスの流れの様子は諸説あるのですが、いずれにしてもガスが行ったり来たりする部分です。

じつはOCBという天体は現在も謎に包まれていて、ほんとうのことはわかっていません。できれば一度、そのひょうたん形の神秘のベールをはがして、内部を見てみたいものです。そこはいま考えられているよりもずっと、複雑になっているのかもしれません。

さてもうひとつ、みなさんが知りたいことがあると思います。こんな形になってしまったOCBは、最後はどうなるのか？　ね、知りたいでしょ？

さあOCB、進化膨張の果てにはいったいどんな運命が待ち受けているのでしょうか？　じつは、それ以上は大きくなれない限界があります。垣根のようなものです。近接連星系は垣根に囲まれているのです。正しくは、**外部臨界ロッシュ・ローブ**といいます。それは、やはりひょうたんの形をしています。星の進化膨張が許されるのは、ここまでです。

では、さらに膨張して、この垣根を満たしてしまったらどうなるのか？　すると、相手に向き合っていない側の一点から、星のガスが宇宙空間へ漏れていってしまうのです。

途中をはしょって、では最後の最後はどうなるのでしょうか？　近接連星系の最終的な姿は、ペアの組み合わせによってさまざまです。それぞれが超新星爆発を起こして、連星ブラックホールになる場合もあります。若い頃とは似ても似つかない姿なれど、連星系としては残るわけです。

私がおもしろいと思うのは、最後は合体してしまう場合です。そう、二つの星がついに結ばれて一つの星になる、そういうケースもあるのです。第5章で紹介した、なゆたなどが新星状天体だと確認したさそり座Ｖ１３０９星は、接触連星系の2つの星が合体して急増光したという説もあります。

◆ケフェウス座VW星の発見

では、たいへん長らくお待たせいたしました。本章の主役、ケフェウス座VW星の登場です！

じつはこの星、数あるへんてこなＯＣＢたちの中でも、とくにあるものがすさまじいのです。

ここからは、その話をしましょう。

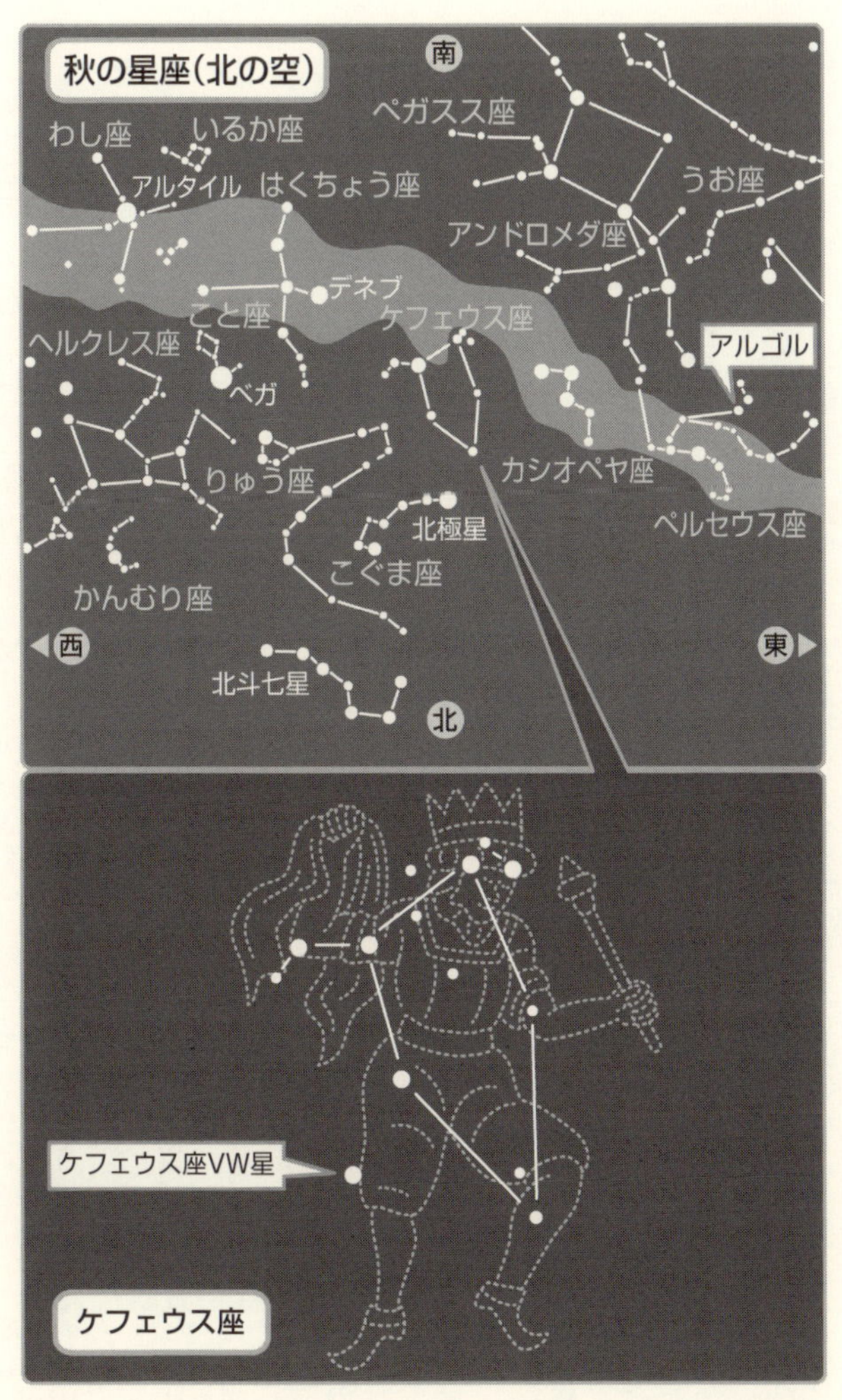

図9－5　秋の星座（北の空・上）とケフェウス座の中のVW星の位置（下）

「エチオピア」といえば、いまでは東アフリカに位置する国のことですが、ギリシャ神話では、現在のヨルダン、イスラエル、エジプトあたりの地域をそうよんでいたそうです。その時代のエチオピア王ケーペウスが星座となったのが、ケフェウス座です（図9-5）。

王様の右ひざあたりに、7等星のHD 197433があります。1926年5月と6月に、スコットランドのミルズ天文台にある25cm屈折望遠鏡がその周囲を撮影したところ、この星が変光する食連星であることがわかりました。106枚にのぼる写真乾板を調査してそのことを発見し、学術誌に報告したのは、アメリカのウィルソン山天文台のジャン・シルトでした。その後、この星にはケフェウス座VW星（以下VW星）という変光星名がつきました。

地球から約90光年の距離にあるVW星は、現在では、6時間40分の周期で公転しているおおぐま座W型星（低温接触連星系）であることがわかっています。

このタイプの星としては7等と非常に明るく、周期も比較的短いVW星は、おおぐま座W型連星系では最も研究されていて、論文数もプロトタイプのおおぐま座W星よりずっと多いのです。

◉◆光度曲線の謎の非対称性

さきほども述べたように食連星の光度曲線は、星のさまざまな物理量が算出できる重要な玉手箱です。ところが、この曲線にはときどき、おもしろい現象が見られます。

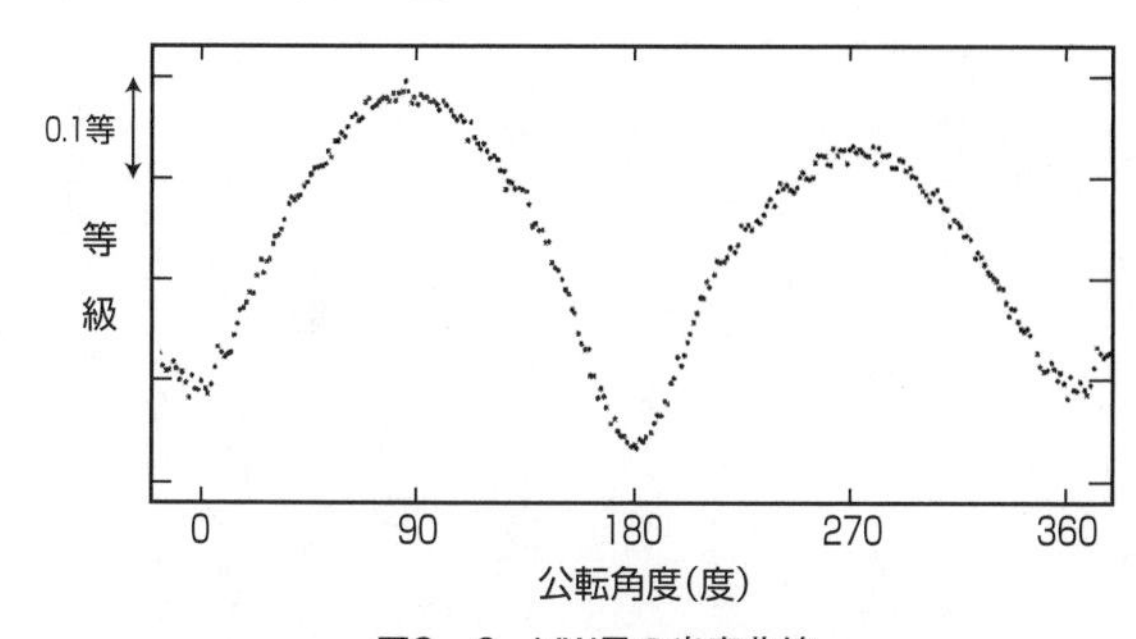

図9－6　VW星の光度曲線
(Kwee, K.K. 1966 BAIN Suppl. 1, 245を改変)

食連星の光度は二つの星の位置関係によって変化するわけですが、光度が最大になるのは、二つの星が地球から見て、真横に並んだときです。光り輝く星が、二つとも正面に見えますからね(深入りはしませんが、近接連星系に特有の理由もあります)。これを「極大」といいます。接触連星系の光度曲線では、まるい山のように見えます。山には2通りあることはわかりますか？　そう、地球から見ると、主星が右側にいて伴星が左側にいるときと、それから半公転して、伴星が右側にいて主星が左側にいるときですね。ところが、実際に測定してみると、二つの極大の光度が同じではないことがあるのです。つまり、主星が右側のときと、伴星が右側のときとで、摩訶不思議なことに明るさがちがうのです。光度曲線を見ると、なんだかフタコブラクダを思い出します。右の山のほうが左より高かったり、その逆のこともあるのです。

この現象は、１９１６年にプリンストン大学のレイモンド・スミス・デュガンが、へびつかい座RV星の光度曲線に見られると指摘していました。その後、このように山の高さが違う光度曲線をもつ食連星が、次々と発見されてきます。アイルランド出身のバチカン天文台長で、神父さんでもあったダニエル・ジョゼフ・ケリー・オコンネルはこの現象に興味を持ち、87個の連星系を対象にくわしく分析しました。その結果は1951年に報告され、1968年以降、このミステリアスな現象は**オコンネル効果**とよばれるようになりました（オコンネルは北村先生の友人です）。

そしてVW星も、このオコンネル効果が現れる連星系の仲間とされたのです（図9－6）。

◉◆オコンネル効果に挑む国際キャンペーン観測

1958年、モスクワで第10回IAUの総会が開催されました（IAU総会は各国が待ち回りで3年に一度開かれます）。旧ソビエトではこれを記念して、天文台と望遠鏡の図柄がデザインされた3種類の切手が発行されています。

この総会の場で、VW星観測の国際キャンペーンを実行することが決まりました。この年の9月から11月にかけて、10ヵ国の天文台が共同してVW星の測光と分光観測をやろうという国際的な短期集中作戦です。この星を研究する価値にIAUがお墨付きを与えた、つまりはそれだけ奇妙な星、というわけです。

このキャンペーンの取りまとめを一任されたのが、ライデン天文台（オランダ）のキング・クエーです。クエーは1957年から熱心にVW星の測光観測をしていて、のちにオコンネル効果とよばれる現象がたしかに出現することを確認していました（図9－6）。この謎を解き明かすことが、キャンペーンの最大の狙いでした。

このときの測光部門の観測に、アジアで唯一参加したのが日本でした。私の師匠の師匠、北村先生も東洋最大の東京天文台65㎝屈折望遠鏡で測光しています。そして、このキャンペーンの測光観測でもやはり、オコンネル効果が見られたのです。

さあ、この不可解な現象はどう説明したらいいのでしょうか？　読者のみなさんが天文学者なら、このミステリーに対してどのようなモデルを提唱しますか？

たとえばクエーはその理由を、密度分布に差があるリング状の物質が、食ペアの2星を取り囲んでいると考えました。

これに対して1970年に、おおぐま座W型星などの接触連星系では、オコンネル効果の原因は黒点にあるのではないかといいだしたのが、当時ペンシルベニア大学にいたレーンデルト・ビネンダイクでした。1950年代後半から1980年代前半にかけて、食連星の光度曲線を精力的に解析していたビネンダイクは、星の片側の表面に大きな黒点がある場合は、その反対側が地球を向いたときよりも暗く見えるであろうと考えたのです。

1970年代になると、黒点の位置や大きさもコンピュータ・シミュレーションの入力可能要素に加えられるようになりました。そこで、黒点つきの人工光度曲線をコンピュータでつくってみたところ、オコンネル効果を持つ連星系の光度曲線にピタリとフィットしたのです。

謎は解明に向かいました。日本の連星系研究トリオの一人、山崎さんも、黒点を取り入れたシミュレーションで、VW星のオコンネル効果つき光度曲線の再現に成功しました。1982年のことです。こうして多くの天文学者が、黒点説を受け入れていったのです。

ただし、さきほども言ったように、OCBなどは今世紀になっても多くの謎が残っている星なので、黒点説に完全に納得していない専門家もいることは公平を期して述べておきます。

以下は、黒点ができやすいおおぐま座W型星のオコンネル効果に限定して、話を進めさせていただきます。

◆ひょっこりひょうたん星にも巨大黒点が出る?

では、おおぐま座W型星の表面にはほんとうに、光度曲線に影響するような巨大黒点が出現するのでしょうか?　物理的に考えてみます。

第8章で説明したように、黒点誕生の「種」は磁場です。磁場が活発な環境かどうかがポイントです。そして、おおぐま座W型（というか接触連星系なら高温低温いずれのタイプでも）は公転周期がかなり短く、1日もあれば長いほうです。ペアをなす2星の自転周期は、公転周期と同

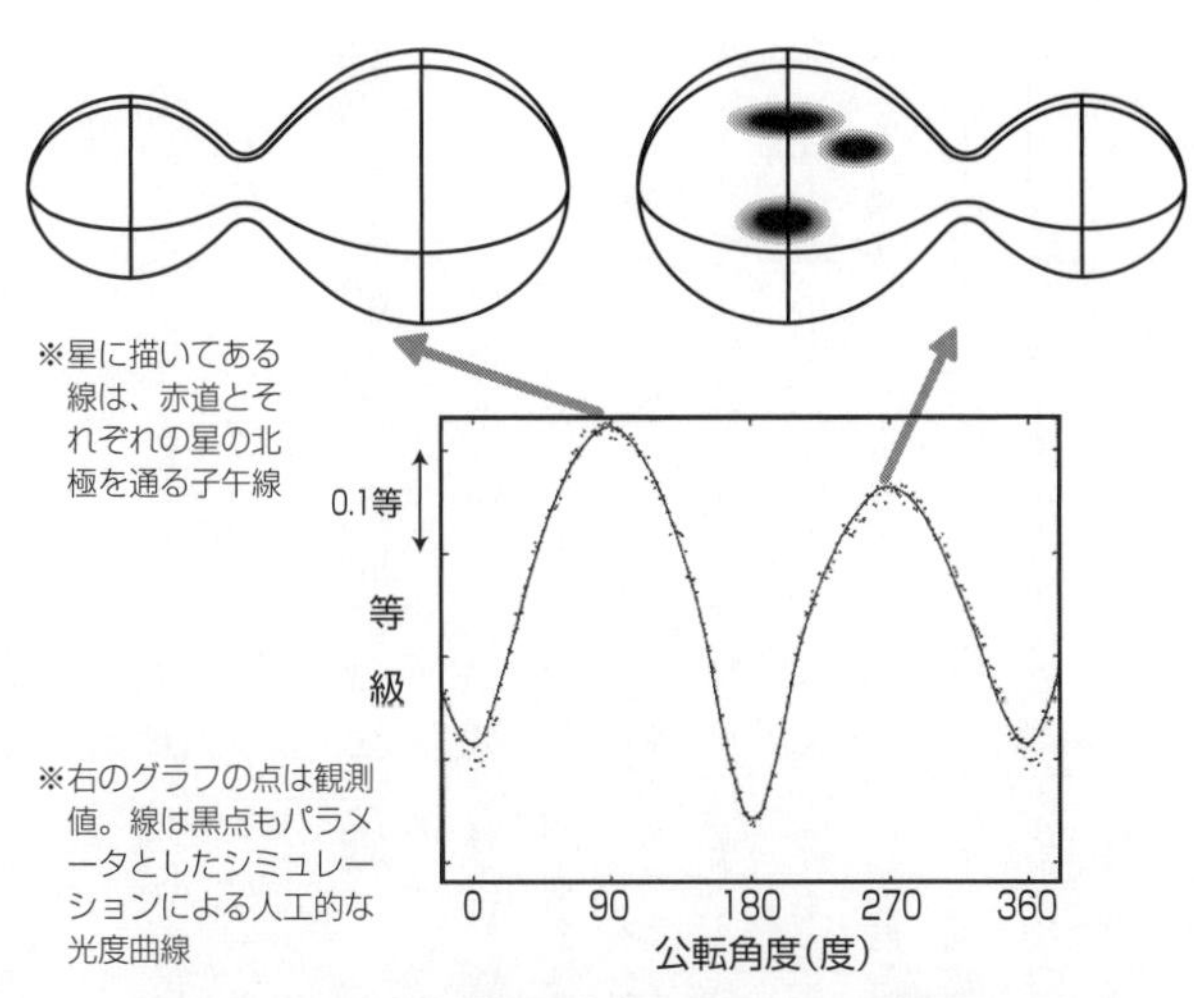

図9-7　VW星の光度曲線に見えるオコンネル効果の一例
(Yamasaki, A. 1982 ApSS 85, 43を改変)

じになりますので（これを**同期回転**といいます）、2星の自転周期も多くの場合、1日以下です。すさまじい勢いでスピンしているわけです。これだけでも、活発な磁場活動が期待できそうですね。いい感じです。さらに、おおぐま座W型星は外側が対流するタイプでした。うほほい。こりゃ、相当なことになるのでは？

そうです、このタイプの星では、磁場活動がかなりすごいことになっているのです。その結果は――巨大黒点のできあがり！

接触連星系は、世界最高の解像度の望遠鏡で観測しても、点にしか見えません。もちろん黒点が見えるわけもありません。しかし、それがわかるのです。光度曲線上にあらわれるオコンネル効果を解析することで、間接的に黒点の存在が「見える」というわけです。

そして、なかでも最もすごいのが、ＶＷ星なんです。どれくらいすごいかというと……おっと、それはもうしばらくお待ちください（じらしてすみません）。

◉◆多波長での同時観測を実施

間接的に巨大黒点の存在が示唆されるＶＷ星ですが、そのほかにも活動的な磁場の証拠は数々あります。まず、Ｈアルファ輝線が観測されています。また１９７７年には、Ｘ線も検出されました。おおぐま座Ｗ型星からＸ線が受かったのは、これが初めてのことです。その後、各国の衛星によってＸ線観測がなされ、これまでに3回ほどＸ線フレアが起きたことが報告されています。１９９３年には、じつに7時間半もＸ線フレアが続きました。電波も１９８２年に検出され、太陽フレアの1万倍の強度で2時間継続する巨大なフレアも観測されています。

巨大黒点！　巨大Ｘ線フレア！　巨大電波フレア！　3冠王に輝くＶＷ星は、おおぐま座Ｗ型星の中で最も興味深い研究対象となりました。こうなると、磁場活動フェチな研究者がじっとしているわけがありません。やっちゃえ、同時多波長観測！　というわけで、Ｘ線と紫外線の同時観測が決行され、Ｘ線はＮＡＳＡの衛星が、紫外線は例のＩＵＥ（前章参照）がそれぞれ観測をおこないました。1984年5月19日、二つの衛星がVW星に向きました。宇宙でのX－紫外同時観測はみごとに成功し、とくにIUEのデータは興味深いものが得られました。紫外線の光度曲線にもオコンネル効果が見られたのです。オコンネルが他界した1年半後のことです。

続いて1986年のお正月には、X線と電波の同時観測もおこなわれました。宇宙ではヨーロッパの衛星が、地上ではVLAのパラボラの群れが、いっせいにVW星を睨みます。地球人の最新鋭テクノロジーに見つめられて興奮したのか、VW星はこのとき、強烈なフレアを起こしてくれたのです。その強さは、な～んと、またしても太陽の1万倍！　ありがと～う！　VW星！

●◎◆黒点だらけの表面に、もう一度びっくり！

さてさて、長らくお待たせいたしました。読者の方にお伝えしたいVW星の本当の魅力は、ここからなのです。

VW星をまたしつこく狙う天文学者がカナダに出現しました。デービッド・ダンラップ天文台のポール・ヘンドリーと、ステファン・モフナツキの二人です。

彼らは1991年3月から1993年5月に、測光と分光の両観測を決行しました。分光はHアルファなどが選択されました。光度曲線の変動に加え、Hアルファも併用することで、磁場活動が強い場所をよりくわしく特定しようという寸法です。2年間にわたる観測期間中には、Hア

	主星	伴星
質量（太陽=1）	1.157	0.457
半径（太陽=1）	0.78	0.54
光度（太陽=1）	0.4258	0.2208
表面温度（K）	5271	5382

表9－1　明らかになったVW星のデータ
（Hendry, P. D. & Mochanack, S. W. 2000 ApJ 531, 467）

ルファでのフレアも3回起こりました。

　得られたデータは、二人が独自に開発したコンピュータ・シミュレーション法で分析され、その結果わかったＶＷ星の素性は、２０００年の学術誌に掲載されました（表９－１）。

　そして、このデータをもとに、ＶＷ星の表面に存在する黒点の分布も論文に掲載されたのです。その図を見て私は、度肝を抜かれました。とにかく、図９－８をご覧ください。この１枚の図をみなさんに見ていただきたいために、ここまで長々と解説をしていたようなものなのです。

　だってこの星、主星も伴星も、黒点だらけじゃないですか！　とくに主星のほうは、黒点で覆い尽くされています。星の表面全体に対して黒点が占める割合は、なんと、なんと、なんと！　伴星で55％、主星はじつに66％にもなるのです！

　こういったものを、本当に黒「点」といえるのでしょうか？　これは黒点というより、「黒い大陸」です。もしＶＷ星に天文学者がいたら逆に、太陽にできる「島」のような黒点に驚くのかもしれませんね。

こんなVW星の表面にもし行けたら、どんな光景が見られるのでしょう？　では、行ってみようではありませんか。夢のロケット「コパール号」に乗って——はい、着きました。速いでしょ？

眼前に見えるひょうたん星。たしかに黒点だらけです。そして、みるみるうちに回転していき

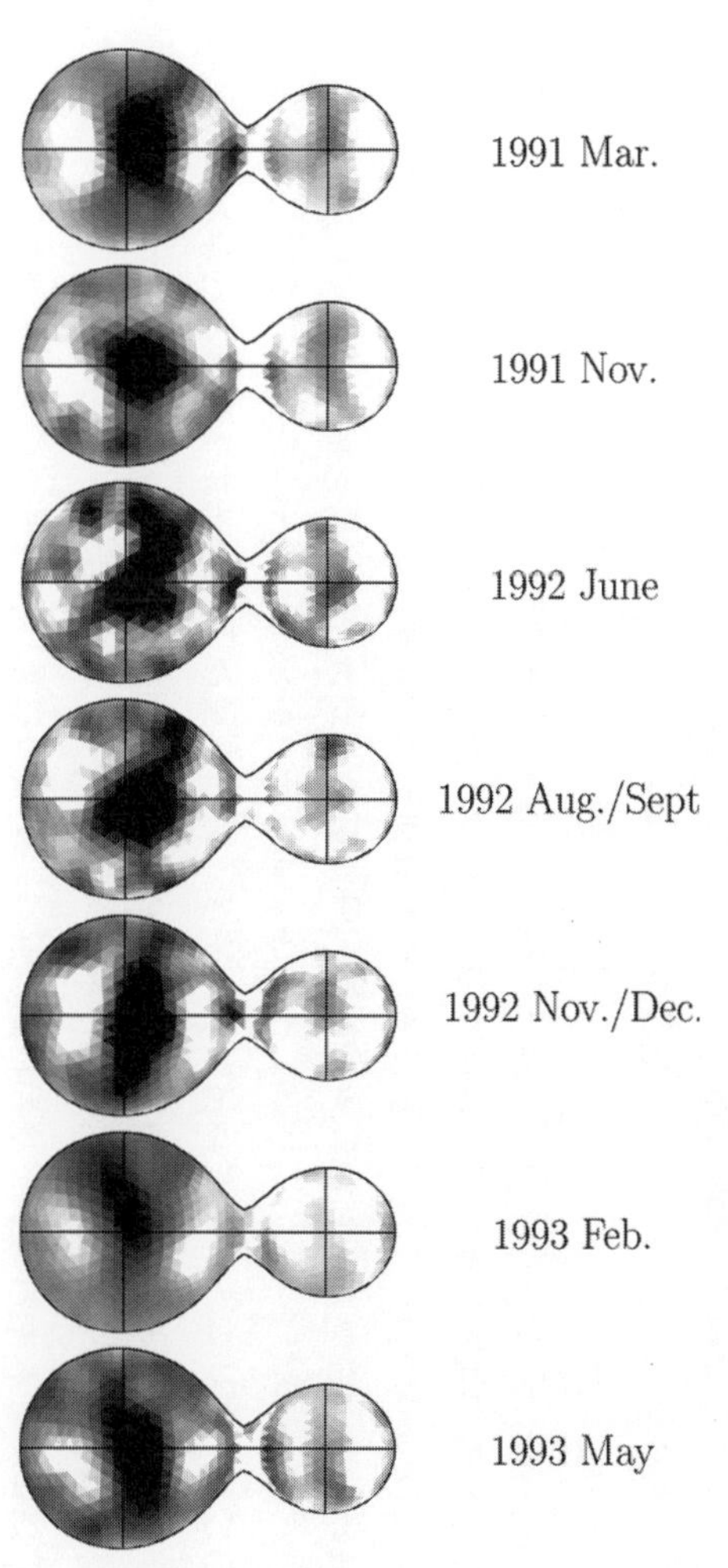

図9-8　黒点だらけのVW星（北極方向から見た図）
（Hendry, P. D. & Mochanack, S. W. 2000 ApJ 531, 467）

ます。なにしろ7時間たらずで1公転ですから。では表面に近づいてみましょう。強烈にまぶしいので、スーパー・ウルトラ減光フィルターつきメガネで観察です。おお。たしかに接合部は周囲より暗くなっています。「暗黒大陸」（実際には3500度もあるので赤色大陸）、つまり黒点の部分は太陽と同様に、わずかに凹んでいます。いや、黒点でない場所のほうが少ないので、そちらの青白色の部分が盛り上がっている、というべきでしょうか。

ところどころにプロミネンスが立ち上っています。地球よりはるかに大きなサイズです。ゆっくりと姿を変えるさまは、まるで躍り狂うドラゴンといった感じです。そこをプラズマが筋状に流れていますので、磁力線の様子がよくわかります。黒点から出ている磁力線には、となりの星の黒点とつながっているものもあります。そして、ほら、見上げてください。上空には巨大で真珠色に輝くコロナがひろがっているでしょ。

あっ！　あの小さな黒点を見てください。ガスの流れにのって動いていて、もうすぐ接合部に到達します。そのあとはどうなるのでしょうか？　もといた星の表面上を移動してゆくのでしょうか？　それとも相手の星に乗り移るのでしょうか？　とても興味深いところです。

そのときです。「ビー、ビー、ビー！」。けたたましいアラーム音！　巨大フレア警報です！　さすがのコパール号も巨大フレアが起きてはやばいです。心残りですが地球に還りましょう。

現在、私たちは太陽の表面を、衛星による鮮明な画像、しかも動画で見ることができます。V

W星も、コパール号から見える光景とまではいかずとも、ひょうたん星に実際に「黒い大陸」が存在しているところが撮影できたらいいのですが、なにしろ90光年も彼方……。

でも、あきらめるのは早いのかもしれません。写真乾板を調査したミルズは、食連星が公転する様子が光学干渉計で撮影されることを想像できたでしょうか？　オコンネルは、宇宙で観測した紫外線の光度曲線に自分の名前がついた現象が見つかることを予測していたでしょうか？　1950年代の国際キャンペーンの参加者が、ヘンドリーらによるモデル図を想像できたでしょうか？

天文観測技術は駆け足で進んでいます。きっといつの日か、そんな動画が見られる日が来ることでしょう。

第10章

ぎょしゃ座イプシロン星

世界中で大激論！
幽霊の正体を明かせ！

本書もいよいよ最終章。大トリにふさわしい、とっておきの星をご紹介します。確かにそこにあるのに見えない、幽霊星です。その正体をめぐり世界中の天文学者が繰り広げた推理バトルはそのまま「20世紀以来の天体物理学の歴史」といわれています。そしてついに迎えた感動の瞬間（カラーページFile 7）。そこに至るまでの極上のミステリーをじっくりとご堪能ください。

◎◆なぜヤギを抱えている?

「大きな五角形があるでしょ。ちょっといびつなペンタゴン。これが、ぎょしゃ座。ぎょうざ、じゃないですよ」

「ぎょしゃ、って何ですか?」

「御者は……馬車、シンデレラも馬車に乗ってたでしょ、あの馬車を運転している人。いまでいえば、タクシードライバーってとこですかね。というわけで、この明るい星、冬の1等星の一つですが、自動車にもこの星の名前がついたんですよ」

「カペラ!」

「先にいわれちゃった。私が言ってなんぼやのに……」(笑)

西はりま天文台での私の天プラ/冬バージョンの一幕です。

ところが、馬車を御している男性の星座絵を、私は一度も見たことがありません。ぎょしゃ座の星座絵はなぜかたいてい、おじさんがヤギを抱っこしている姿になっています(図10-1)。なぜでしょうか?

ぎょしゃ座は古代バビロニアにまで遡ることができる、古くから知られている星座で、じつは御者という設定のほかに、ヒツジを抱えた老人の姿もイメージされていたそうなのです。結局、

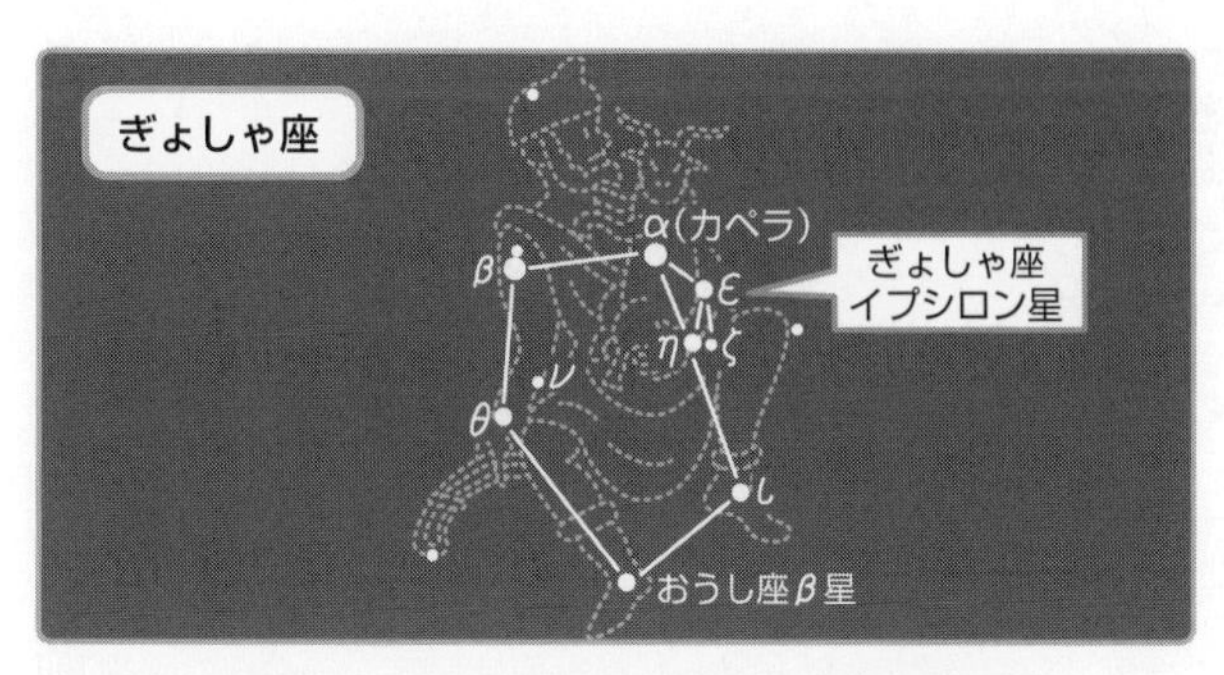

図10－1　ぎょしゃ座の中のイプシロン星の位置

名前には前者が残りましたが、星座絵では後者が残りました。いつのまにかヒツジがヤギに化けてしまいましたが……。なお、「カペラ」とはラテン語で、メスヤギという意味だそうです。

星座絵ではヤギの部分が、カペラの周囲に対応しています。カペラのすぐ南西には、三つの星で二等辺三角形ができます。その頂点に位置している、カペラに一番近い星、これが今回の主役、**ぎょしゃ座イプシロン星**です。「アル・マーズ」というちゃんとした固有名もあります。

イプシロン星は通常は3・0等なので、肉眼でももちろん見えます。二等辺三角形の底辺の両端の星が、ゼータ星とイータ星です。御者の五角形のより外側にあるのがゼータ星で、五角形に近いほうが、イータ星です。それぞれの明るさは3・8等と3・2等で、こちらも暗い場所なら、肉眼でも見えます。

◆報われなかった牧師の発見

——ぎょしゃ座のヤギのところにあるイプシロン星は、ゼータ星やイータ星に比べてたいへん光が弱く、ほとんど見えないほどです。誰かすでに、このようなことを観測していますか？——

ドイツのほぼ中央にある美しい都市、クヴェードリンブルク。古くからの貴重な建築物が残っていることなどが評価されて、ユネスコの世界遺産（文化遺産）にも登録されています。19世紀初め、この街に暮らすヨハン・フリッチという牧師が、ベルリン天文台長の**ヨハン・ボーデ**に宛てて、このような質問を書いた手紙を送りました。日付は1821年2月20日付でした。

ところが、ボーデ台長からの返事はじつにそっけないものでした。

「私の知っているかぎりでは、そのようなことはありません」

ざんね〜ん、フリッチ牧師。

それから27年が過ぎた1848年、同じくドイツで、三人の天文学者が、やはりイプシロン星が暗くなっていることに気づきました。そのうちの一人、ジュリアス・シュミットはとくにこの星に興味を持って、ずっと観測を続けました。そして、1874年にも、減光がはじまったことを確認したのです。このときの減光は200日近くも続きました。皆既食がちょうど半分まで経過したのは、前回のそれから27年が経過したときでした。

どうやらこの星は27年ごとに暗くなるようだ――そう考えたシュミットは、さらに観測を続けました。この世を60歳で去る2日前まで観測していたといいますから、その熱意には恐れ入ります。

●◎◆日の目を見た過去の観察記録

同じドイツのポツダム天文台では、19世紀最後の年の春から、イプシロン星のスペクトルを撮影していました。その解析をしたところ、ドップラー効果から、この星は運動する速度が変化していることがわかりました（これはあとで説明するように間違いだったのですが）。どうやらこれは、相手の星との共通重心の周囲を公転しているからだろう、つまりイプシロン星は連星系なのだろう、と結論づけられました。公転周期はかなり長そうなこともわかりました。

現在では、このときのポツダム天文台のデータはイプシロン星の公転の動きを捉えたものではなかったことがわかっています。この星は、吸収線の形が左右非対称になるときがあるのですが、それを公転運動によるドップラー効果と思いこんでしまったのです。しかし、この誤解がある意味で、功を奏しました。公転周期は非常に長いようだ、でもわからない。そこでポツダム天文台のハンス・ルーデンドルフが、過去の明るさの記録に手がかりを求めることになったのです。

ルーデンドルフが徹底的に調べてみると、出てきた出てきた。死の直前まで観測を続けたシュミットの、40年以上におよぶ膨大な記録、シュミットら3人のドイツ人による、1848年の記録、そして、1821年に、フリッチ牧師がベルリン天文台長に宛てて送り、否定された手紙——。

このとき、ルーデンドルフは興奮状態だったと思いますよ。だってこれらの記録をつなぎあわたら、この星がきっちり27年ごとに減光を起こしていることがわかったのです。つまり、イプシロン星は食連星だったのです。そして、ここが彼のなんとも超ラッキーだったところなのですが、20世紀が始まってすぐ、この星はまたも食を起こしたのです。もう、間違いありません。ここに至ってルーデンドルフは1903年、次のように結論を出しました。

「イプシロン星は周期9900日（約27年1ヵ月）で食を起こす。この食は皆既食（後述）であり、340日続く。皆既食のときは通常の明るさより0・74等ほど暗くなる。食の全体の期間は700日である」

こうして、この星が減光していることが認められ、フリッチ牧師はその第1発見者として名を残すことになりました。ボーデ台長への手紙から、80年以上が経っていました。

ルーデンドルフは食がすっかり終わる1910年代半ばまで、イプシロン星の分光観測を続けました。ドップラー効果も間違いなくとらえることができ、その分析からこの星の運動速度の周期的な変化を求め、たしかにイプシロン星は連星系であり、共通重心を周回していることを、ちゃんと確認しました。イプシロン星は周期27・1年という長い長い周期の食連星だったのです。この公転周期は、食連星の公転周期としては当時の最長記録であり、2016年2月に（つまり私が本書を執筆中に）TYC 2505―672―1という星が周期69年の食連星であると発表されるまで、1世紀近く破られませんでした。

イプシロン星の分光観測はその後、ポツダム天文台からシカゴ大学に属するヤーキス天文台（ウィスコンシン州）に引き継がれました。ルーデンドルフは次の食を1928年と予想し、その通りにイプシロン星は食を起こしました。そして、このときの観測によって、この食連星の大きなミステリーが浮かび上がってきたのです。

◆怪奇！　イプシロン・ミステリー

1928年にはじまる食の観測は、ヤーキス天文台などアメリカ、さらにドイツの複数の天文台によって、当時としてはハイテクな技術を駆使しておこなわれました。1910年代からアメリカで始まっていた光電測光です。

光電測光とは、光子を電子に変換する装置です。専門的には深い話になるのですが、要約すれば、星から届く光子を1個、2個、……と数えることができるものです。これによって光度を精密に測定することが可能になり、光度曲線の精度が格段によくなったのです。一方で、分光観測から得られるスペクトルのほうもまた、品質が向上しました。以前に比べて、波長をより細かく分解して観測することが可能になったのです。

ところが、こうした観測から、逆にある謎の存在がわかってきたのです。

ここで、食連星の光度曲線について少し説明しておきましょう。みなさんは、日食には三つのタイプ、すなわち、部分食、皆既食、金環食があることはご存じでしょう。食連星の場合も、それは同じです（図10－2）。

部分食とは、背景の星が、手前を通過する星の後ろからはみ出している場合をいいます。

皆既食は、後ろの星がすっぽり見えなくなっている場合ですね。

金環食は大きな星の手前を小さな星が（部分食にならないで）通過していく場合です。

それぞれの食が、どのようなパターンの光度曲線を描くのかを示したのが図10－2です。

部分食は、逆三角形の「つらら」のような形状の曲線になります。皆既食は、後方の星の光が見えてくるまでは手前の星しか見えないので、一定の光度が継続されるため「逆さ富士」のよう

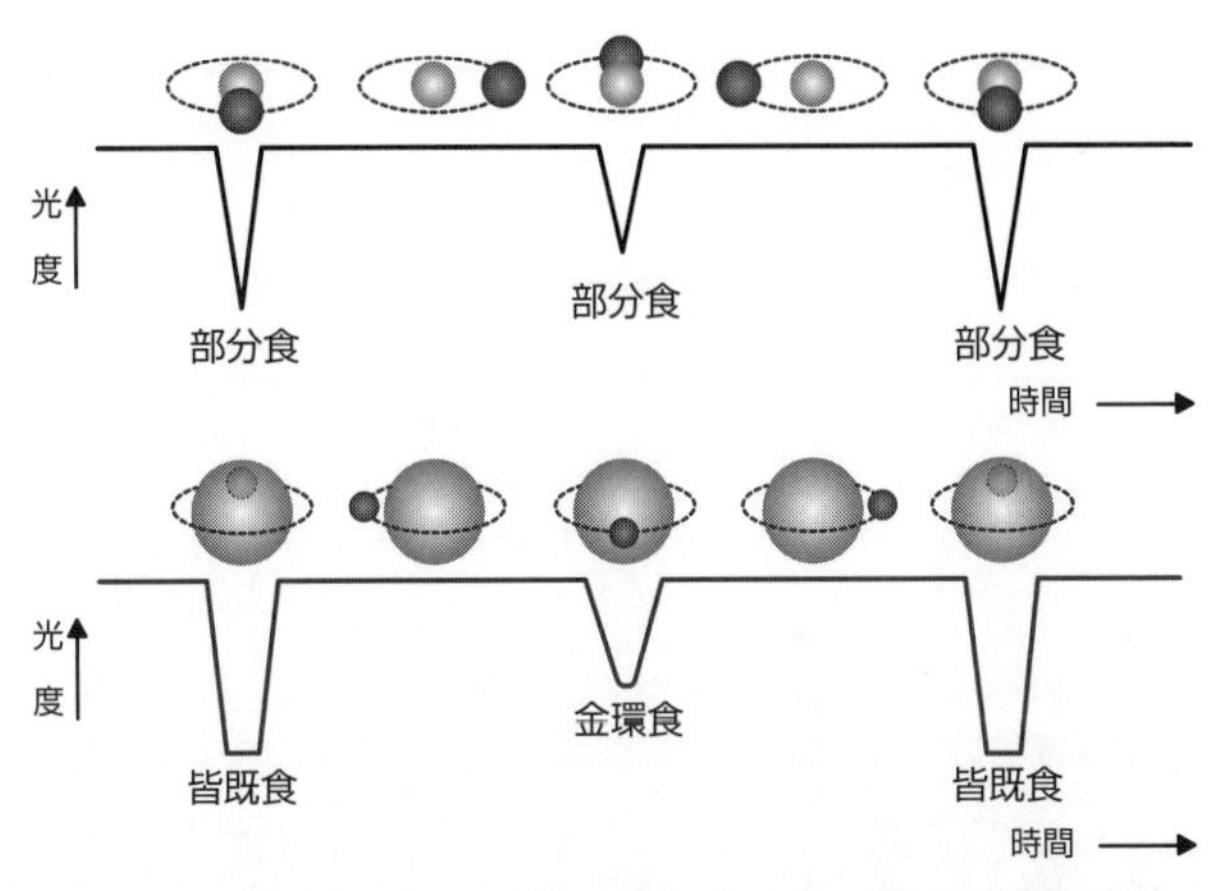

図10－2　部分食（上）と皆既食・金環食（下）が見られる光度曲線

な、底が平らな曲線になります。金環食も、原理的には平底を持つ曲線になるはずですが、実際は違います。星は周囲が中央より暗くなって見えます（これを**周辺減光**といいます）。その影響で、平らな底の前後が少し丸みを帯びたり、場合によっては部分食と見分けがつかない曲線になったりすることもあるのです。

さて、それではイプシロン星の食の光度曲線はどうでしょうか？（図10－3）

まず、部分食には見えません。底が明らかに平らだからです。では、皆既食か金環食のどちらでしょう。じつは、金環食ではないこともわかっています。もし金環食なら、平らな底の時間がもっと短くないと、今度は食の深さ（一番明るいときと、一番暗いときの光度差）を説明できないことが幾何学的な考察から判明しているのです。

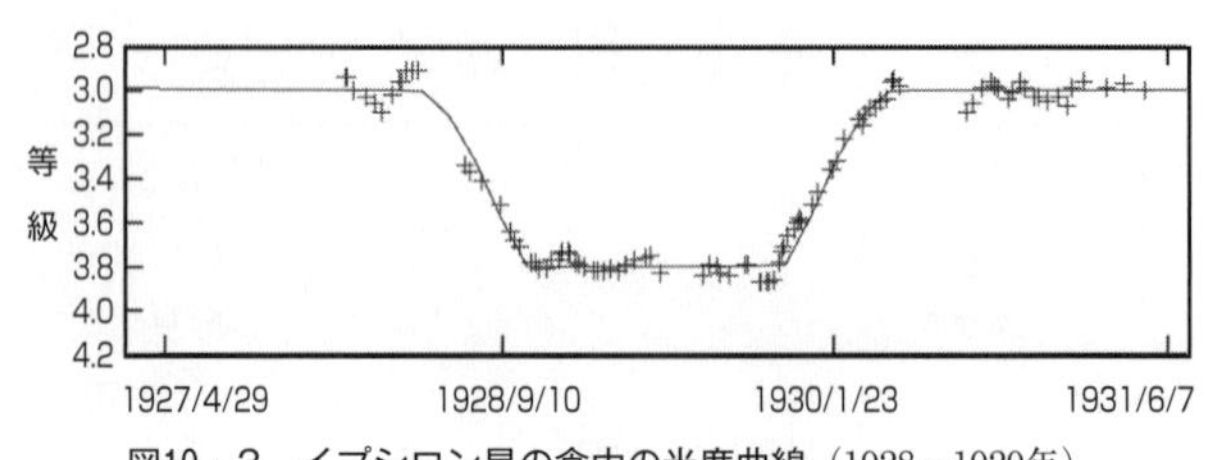

図10－3　イプシロン星の食中の光度曲線（1928～1929年）
（Chadima, P. 2010 IBVS No.5937）

ということは、イプシロン星の食は皆既食であるということです。そのことは間違いないのですが、すると、どうしてもおかしなことになるのです。

繰り返しますが皆既食とは、小さい星の手前を通過する大きな星しか見えない状態です。したがって、このとき観測されるスペクトルは手前の大きな星のものだけになり、背後の小さな星のものは観測されないはずです。たとえばレグルスのようなB型星の手前を、太陽のようなG型星が通過するとしましょう。皆既食が起きて、地球からG型星しか見えなくなれば、観測されるスペクトル型はG型になります。B型のスペクトルは完全に隠されているので、観測されるはずがありません。絶対そうですよね？

ところがイプシロン星は、皆既食中のスペクトルが、いつものスペクトルとなんら変わりがなかったのです。つまり、隠されているはずの背後の星のスペクトルが観測できてしまう、要するに「見えている」わけです！

では、手前の大きな星は「透明」なのでしょうか？　でも、待ってください。イプシロン星は皆既食を起こすのです。大きな星が手前を通過すると確かに減光して、一定の間、光度が変わらないのです。すると「見えない幽霊」のような天体が手前を通過して、皆既食を起こしている？　いったい、どういうことでしょうか？

ここで読者の方は、手前を通過する（大きな）星も、背景の（小さな）星と同じスペクトル型ではないのか？　という説を提唱されるかもしれません。たしかにサブクラスまでまったく同じスペクトル型の星がペアになった食連星はいくらでもありますし、これなら、食中でスペクトルが変化しないことが難なく説明できます。ところが、もしそうであれば、二つの星のスペクトルがそれぞれ観察されるはずです。簡単にいうと、片方が地球に向かってきて、もう一方は遠ざかっているというときは、同じスペクトルでもドップラー効果で、片方は青いほうに、もう一方は赤いほうにずれるはずです。ところがイプシロン星は、いつ観測しても単一のスペクトルしかないのです。

まさに怪奇現象のような皆既食。これこそ、当時の天文学者たちをさんざん悩ませたイプシロン星のミステリーなのです。いったいこの星の正体は？　いや、そもそも星なんでしょうか？

◉◆超巨大な赤外線星か

これから、イプシロン星の不思議な皆既食を説明するために提唱されてきたアイディアを、いくつか紹介したいと思います。観測技術と理論研究がお互いに切磋琢磨しあい、モデルが考え出されては修正され、また新説が登場するというイプシロン星の謎解きは、それだけで1冊の本になるほどおもしろいのですが、ここでは紙数の関係もありますので、主なものだけに登場してもらいます。そのときどきに27年周期で起きた食の観測史とともにお楽しみください。

(1) 電子散乱説

イプシロン・ミステリー解明に最初に挑戦したのは、ヤーキス天文台にいた三人の著名な天文学者でした。1937年に発表された歴史的な論文に記載されている名前の順番に紹介すると、まず太陽系の外周天体に名前をのこした**ジェラルド・ピーター・カイパー**、この時期に台長を務め、連星系研究の大家として後世に知られた**オットー・シュトルーベ**、そして、その名が天体や観測手法の名前としても残っている**ベングト・ストレームグレン**です。とくにシュトルーベの業績は、あとの時代に大きく影響します。

彼らが提唱した電子散乱説(またはヤーキス・モデル)とよばれるこの説は、とんでもないものです。何がとんでもないかって?「見えていない(手前を通過する)星」の、でかさです。なんと、3000太陽半径もあるのです! 土星の軌道をはるかに超える大きさです。現在知られている最大級の星でさえ、2000太陽半径あるかないかなのです。第5章で登場したいっかくじゅう座V838星の(一説によると)「6000太陽半径」は、一時的なものでしたね。

このとんでもなく大きな星は、そのために表面温度が1200～1400度しかないので、可視光線は放射していない、つまり可視光では見えないのだ、と三人は考えました。ただし、赤外線は放射していると考えていましたので、この星をI星（赤外線は英語でInfrared-rayといいます）と表記しました。赤外線は実際にあとの時代に観測されます。

一方、分光観測から、いつも可視光で見えているほうの星（小さな星）のスペクトル型はF型とわかっていたので、こちらはF星とされました（小さいといっても、ざっと200太陽半径です）。本書もここから登場するモデルでは、ヤーキスでのこれらの呼び方にならい、その様相にかかわらずすべて手前を通過する天体をI星、後方の星をF星とします。

電子散乱説では、F星が巨大なI星の裏側に隠されて食が起きるとしています。そして、地球からみるとF星は、I星の外周にぎりぎり隠れる位置にいるとします。

F星から放射された紫外線が、I星の（F星に向いた側にある）ガスを電離します。すると、この巨大な星の大気が半透明な状態になります。電離とは、原子から電子が飛び出すことですね。そして電子には、原子より光を散乱する性質があります。F星からの光はこの電子による散乱で減じられますが、一部はすり抜けて地球に到達する。逆にいうと、F星の光は一部しかやってこなくなるので、I星が通過している間は、食として観測されるというわけです（図10-4）。I星は、まさに背景が透けている幽霊のような星、ということになります。

なるほど。しかし、やがてこの説には反論が出てきました。問題点は、いくつもありました。たとえば、Ｆ星からの紫外線がＩ星のガスを電離するためには、Ｆ星が実際に放射しているものより2～3桁も強い紫外線の放射が必要になるのです。じつは、この点は電子散乱の部分を考えた張本人、ストレームグレン自身も認めていました。

図10－4　電子散乱説

もう一つの大きな問題は、こんなにも巨大な星を、重力的に内部から支えるには、赤外線の放射では困難だという点です。つまり星の重さによってつぶれないのがおかしい、というのです。

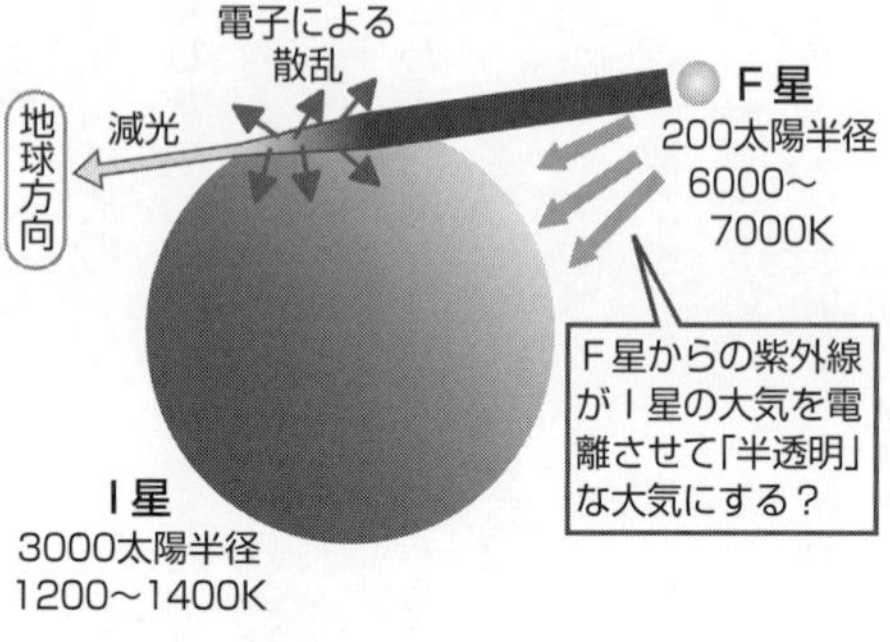

◆ダストのリングが食を起こす？

(2) ダスト散乱説

電子散乱説には、紫外線の放射が2桁も3桁も足りないなどの欠陥がありました。

「強い紫外線が必要になってきちゃうから、電子による散乱はＮＧだね。じゃあ、光を散乱させる別の粒子がＩ星の外層にあればいい。電子にかわって光を散乱させるもの？

いいのがあるじゃないか。そいつは、ダストだ！　ダストを出すとうまくいく。ダストによる散乱ならいいじゃん。強い紫外線なんてなくてもダストはできるし」

電子散乱説の翌年の1938年に、ドイツの学術誌に提出されたのが、この案です。星の外層を薄く球殻状に取り巻くダストが、光を散乱するというのです（図10－5）。

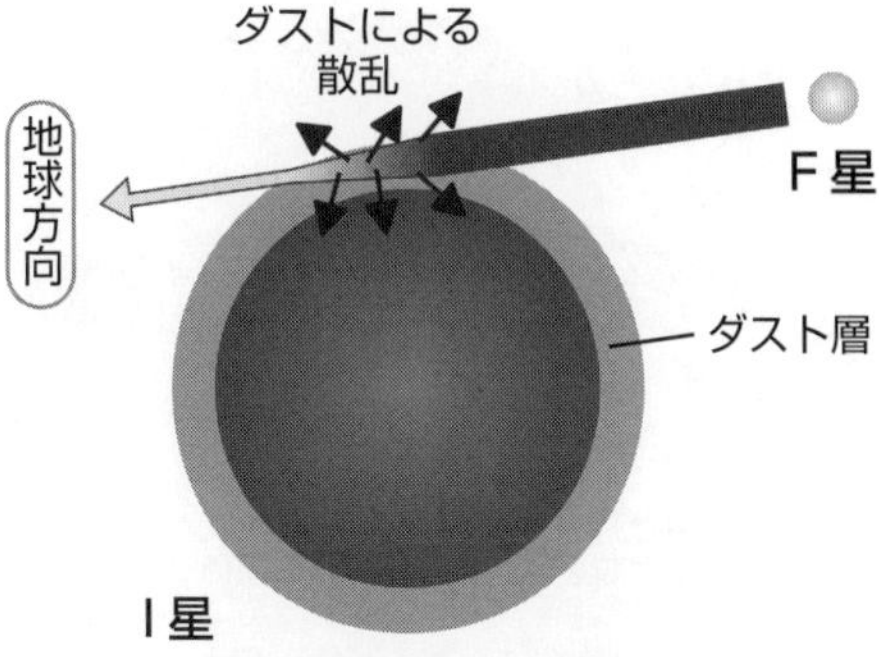

図10－5　ダスト散乱説

しかし、この説ではかんじんなダストを形成する過程が複雑になってしまいました。当時考えられたのは、こんなモデルです。

「I星の一番外側は低温になっている。したがって対流によって上昇してきたガスは固体化してダストになる。ところが、それを支える手段がないので、ダストは高温の内部へ落下する。そこでダストはまた気化して、上昇する。このサイクルが繰り返されている」

ところが、この循環モデルは論文の中でちゃんと物理学的に解析されていませんでした。

それに散乱させるのが電子であれダストであれ、I星が半透明な大気を持つ「球体」では、光度曲線の底が平らになる皆既食をうまく説明できず、部分食的になってしまいます。平らな底が説明できないことは、イプシロン・ミステリーの説明としては致命的な欠陥です。

ただし、この謎解きに、すでにこの時期でダストが考慮されていたことは、あとから考えると画期的なことでした。

(3) コパールのダストリング説

ダスト散乱説が提唱された翌年に始まった第2次世界大戦が終わって9年がたった1954年、一つの注目すべきモデルが出されました。提唱者は、前章で紹介した私の師匠の師匠のそのまた師匠、コパールです。

電子にしろダストにしろ、散乱では食中の平らな底がうまく説明できません。そこで、コパールは、ダストのリングとその中心にある天体がI星と考えました（図10－6）。

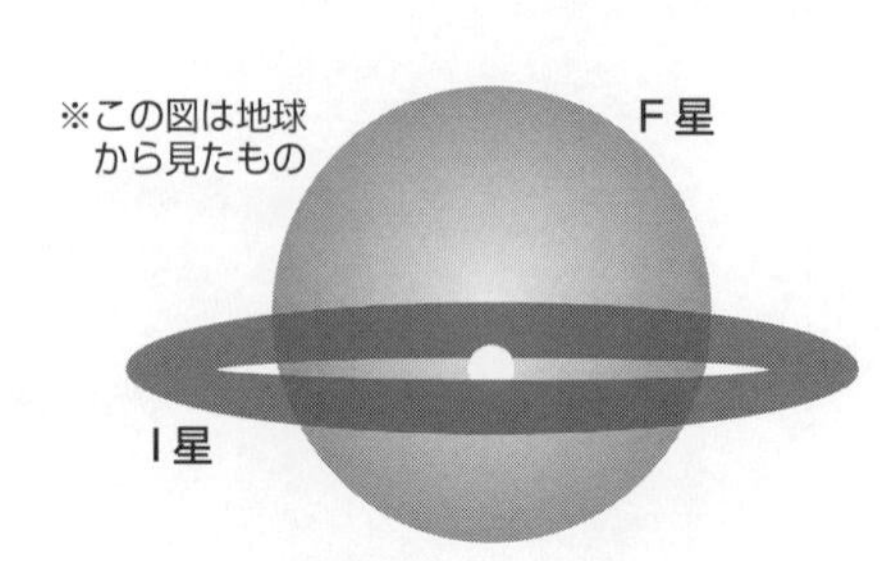

図10－6　ダストリング説

このリングは厚さがうすく、半透明で、軌道面に対して傾斜しています。このリングがF星の手前を通過するときに起きるのが、謎の食であろうと主張しました。

傾斜しているリングは地球から見ると、長方形に見えます。これがF星の手前を全部隠し切らずに通過すると、背後のF星の光は一部まだ見えている食がおきます。ところが、手前を通過する天体が見かけ上は長方形なので、それが通過し終わるまでは光度曲線は平らになります。背後の星の一部が見えるので、実際には部分食ですが、光度曲線的には皆既食が起きているように見えるというわけです。見かけの皆既食ですね。この時期、コパールは、リングは惑星系になりそこねた物質ではないかと考えていたようです。

ただし、この説にも欠点がなかったわけではなく、イプシロン星のスペクトル線の形には、このモデルでは説明できないものもあるのです。専門的というか、かなり揚げ足とり的なツッコミなんですがね。

謎が見いだされてから2度目の食が、翌年にせまっていました。

◎◆中心に高温の星？　ダストの円盤？

1955年7月、イプシロン星が暗くなりはじめました。予測通りの食の到来です。この年にアイルランドのダブリンで開催された第9回のIAU総会（前章で述べたケフェウス座VW星のキャンペーンが決まった総会の一つ前です）において、イプシロン星の重要性が強調され、測光と分光のキャンペーンが実施されました。イプシロン星もこの時期は集中して観測するべき価値があると、世界中の天文学者の意見が一致したのです。

光電測光は、アメリカ、デンマーク、スウェーデン、ドイツでおこなわれました。そして東京天文台でも、若き北村先生と、その日本での師である古畑正秋さんがおこないました。分光観測は、1950年にカリフォルニア大学に移っていたシュトルーベとその一派がとくに熱心におこないました。

(4) B型星中心説

そのカリフォルニア大学で、シュトルーベのもとで研究していたあるイタリア人女性がいました。のちに祖国のトリエステ天文台長になったマルゲリータ・アックです。

1959年、彼女はコパール先生のダストリング説の欠点を指摘し、さらには驚くべきアイディアでヤーキスモデルの擁護に打って出ました。それは、その後20年ほど続く「アックVS.ダスト円盤派(ときどき別の説参入)合戦」の火蓋が切って落とされた瞬間でもあったのです!

彼女はこのように発想の転換をしたのです。

「F星からでは紫外線の放射が足りないなら、I星自身から出させればどうかしら?」

I星の外層を電離させているのはF星からの紫外線放射ではなく、I星自身の紫外線である、I星の中心には表面温度2万度のB型星がある、これが紫外線を出す、というのです(図10-7)。B型星なら、周囲を囲む巨大なガスのかたまり(球殻)を電離できるというわけです。なるほど、頭は使うためにあるのだな、といったところです。

中心星は小さく、可視光では見えないとアックは考えました（小さいといっても30太陽半径ですが）。

しかし、この説にもウィークポイントがありました。たとえば、I星がたとえガスのかたまりでも、内部に2万度のB型星があれば紫外線が観測されるはずなのですが、検出されていません。また、スペクトルも、B型星に特有な線スペクトルが観測されていないのです。

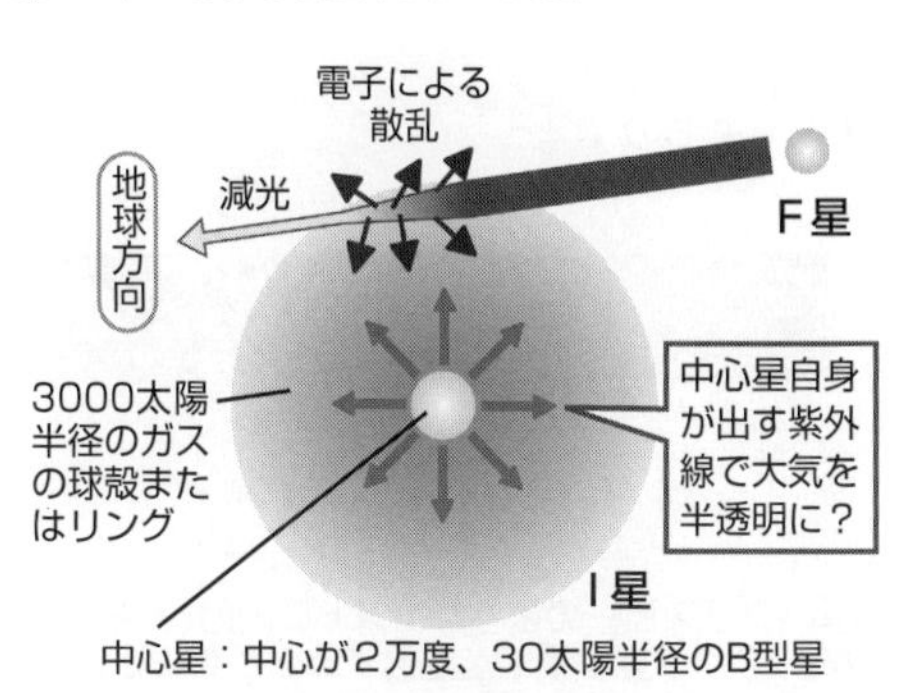

図10－7　B型星中心説

（5）ファンのダスト円盤説

やはりシュトルーベの愛弟子であるスー・シュー・ファンがNASAのゴダード宇宙センターで働きだした1960年代初期は、星の形成過程の研究がめざましく進歩していました。とくに忘れてはならないのが、わが国の**林忠四郎**先生の活躍です。こうした時代を背景にファンは、コパールのダストリングを、太陽系で惑星が形成される前段階、現在でいう原始惑星系円盤ではないかと考えました。時代の波に乗ったのです。

1965年、ファンはコパールのダストリング説を改良

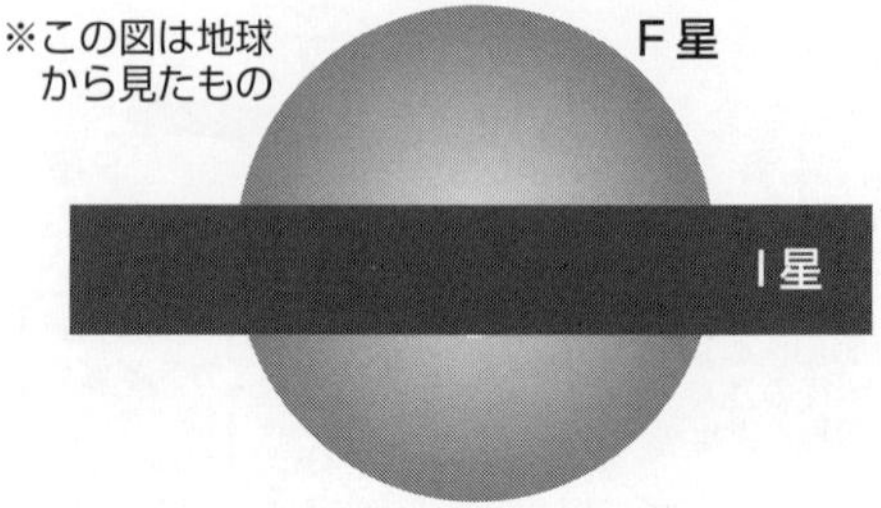

※この図は地球から見たもの
F星
I星

厚いフリスビーのようなダストの円盤（円盤全体がI星）がF星の手前を通過するのが食の正体？

図10－8　ファンのダスト円盤説

した仮説を提唱しました。

ファンが考えたのは、ダストの円盤でした（図10－8）。コパールのような中央に穴の空いたリングではなく、厚いフリスビーのような形状です。コパールのリングは中心に一人前の星があるのですが、ファンの円盤にはありません。といいますか、円盤全体がI星です。これから、その中心に星が誕生するのです。

コパールはダストのリングを半透明としていますが、ファンのダスト円盤は完全に不透明です。極方向から見るとフリスビーですが、地球から見ると、円盤は長方形となります（ファン自身は「れんが」という表現をしています）。

◆修正説、改良説、ブラックホール説まで

(6) コパールのダスト円盤説

さて、時はいよいよ衛星観測時代に突入します。1968年、事実上の世界初となる天文観測衛星をNASAが打ち上げたのです。翌年にはさっそく、この衛星がイプシロン星に向きまし

た。ところが、この星からは紫外線が検出されなかったのです。これは、中心に強い紫外線を出す星が存在しないことを意味します。これにはアックも残念でしたが、もう一人がっかりしたのが、コパールです。

この結果を受けて、コパールは自説を修正しました。リングの中心に想定していた星をなくしたのです。つまり、ファンと同様なフリスビータイプのダスト円盤を考えたわけです。大きさ40天文単位、20~25太陽質量、表面温度は500度と想定されたその円盤は、やはり原始惑星系円盤であろうとコパールは主張しました。コパール先生も、ファンの影響を受けて時代の波に乗り移ったとみえます。この説は1970年にイギリスのブライトンで開催されたIAUの第14回総会で発表され、直後に日本の新聞にも掲載されて話題になったそうです。

(7) ブラックホール説

アックとダスト円盤派の対戦に、横からちょっかいを出してきた人がいます。ファンやコパールは、I星は惑星が誕生する前の姿だと考えたのですが、それとはまったく逆の説が、1971年に『ネイチャー』誌に掲載されたのです。著者のアラステア・G・W・キャメロンによれば、円盤はフリスビータイプではなく、中心に穴の空いた、いわばDVDのような形状で、その中心にはなんと星の終末の姿、ブラックホールがあるというのです。

コパール円盤、つまり20~25太陽質量もあるダストだけの円盤というのはおかしいと、キャメロンは次のような論法で指摘します。

「その質量なら主系列星になる時間は短く、重力収縮によるエネルギーで中心温度はかなり高く、表面温度も数千度になっているはずである。なぜ、観測にかからないのか」

理論家のこの天文学者はさらに、星の進化から考えて、円盤の中心にはブラックホールが存在しているはずだと主張し、さらに周囲のダストは螺旋を描いてブラックホールに落下していると予測したのです。

キャメロンがこの説を発表した1971年というのは、ブラックホール研究の歴史では重要な年となりました。はくちょう座X−1というX線を出す天体が、連星系であることがわかったのです。片方の星はB型超巨星で、相手の星はどうやらブラックホールのようなのです。B型超巨星からのガスはブラックホールに向かって落下します。このガスは降着円盤を形成しますが、ガスどうしの摩擦で高温になり、そこからX線が放射されます。

キャメロンもまた時代の最先端、ブラックホールをイプシロン星に適用してネイチャー論文を一本書いちゃったわけです。が、しか〜し！　この説にも突っ込みどころがあります。イプシロン星からはX線が出ていないのです。I星の中心にブラックホールがあれば、螺旋を描いて流れ落ちていく物質からは、はくちょう座X−1と同様にX線が出ていないといけないのです。これは極端にいえば、ルーがかかってないご飯をさして「カレーライスだ」と主張するようなものです。

(8) 修正B型星中心説

1972年には2機の観測衛星が上がります。しかし、I星から紫外線は受かりませんでした。B型星は可視光線よりむしろ紫外線を強く放射しますので、B型星中心説を唱えていたアックにとっては、これまた残念な結果でした。

それでも、アックは負けていません。彼女は1978年1月に上がったIUEを、イプシロン星に向けることにしました。そして4月19日の観測の結果、ついに紫外線が検出されたのです。さぞかしアックは喜んだことでしょう。しかも、165nmより短い波長では、I星から放射されたと考えられる紫外線のほうが、F星のそれよりも強かったのです。さあ、アックの反撃です。

アックはこの結果にあわせて、B型星中心モデルを修正し、巨大なI星の中心にあるB型星は2太陽半径で、表面温度は1万5000度である、とする論文を共同研究者と1979年に発表しました。ただし、この論文で彼女は、I星はリング状であるとしています。さすがにこの形状でないと食中の平らな底が説明できないので、円盤説を採りいれるという妥協をしたんでしょうね。

ああでもない、こうでもない。一つの星について、よくもまあ、こんなにたくさんの説が提案されたものです。冗談ですが、地球外文明が建造したリング状の物体がF星を取り囲み、プレオネのリングのように歳差運動をして食が起こるのではないか、という人もいました。

そして、1982年。20世紀最後の食が訪れます。このときも国際的なキャンペーンが提唱されました。呼びかけ人のなかには、このあとイプシロン星の研究を30年以上も続けることになるロバート・ステンセルもいました。

観測には15ヵ国80名が参加し、可視光では測光、分光、偏光観測が、そして赤外線では測光と分光観測がおこなわれました。日本でも、わが母校福島大学で、中村先生の前任者である大木俊夫先生とその学生らが20cm望遠鏡で光電測光を実施し、貴重なデータを残しました。私が入学したのは食も終わったあとでしたが、まだ「興奮冷めやらず」的な雰囲気があって、先輩がイプシロン星について熱く語ってくれました。また、日本が誇る複数のハイアマチュアも光電観測をしたほか、分光観測が岡山観測所でおこなわれました。

◆人工衛星も観測した食（1982〜1984年）

この観測でもう一つ特記すべきことは、食の観測としては初めて、人工衛星が活躍したことです。紫外線はIUEが、赤外線では、この波長での歴史的観測衛星IRASが、それぞれの対応波長でデータを取得しました。

ＩＵＥによって得られた4波長での光度曲線の食の深さは、Ｉ星の中心にＢ型主系列星が存在すると考えるとうまく説明できました。これにより、中心Ｂ型星説は支持を得られました。一方、赤外線観測は１９６０年代終わりからおこなわれ、１９７０年代初めにはすでに検出されていましたが、ＩＲＡＳ（と地上観測）で得られたデータは、赤外線源が約５００度であることを示していました。赤外線はダストの存在を示唆するのでしたね（第4章参照）。

これら、紫外－可視光－赤外を総動員した観測から、Ｉ星はどうやら厚いＤＶＤ状のダスト円盤である、ということを世界が認めはじめていました。さらには、Ｉ星はダストばかりではなく、ガスも存在することがわかってきました。

円盤の中心にあるのは一つの星ではなく、Ｂ４型星どうしの連星系ではないかと提唱する天文学者もいました。中心天体は質量が大きいはずだと考えていたグループで、それが連星系ならば、ブラックホールを持ち出さなくてもすむからです。その後の衛星観測でもイプシロン星からは強いＸ線が検出されませんでしたので、ブラックホール説は完全に支持を失ってしまいました。

●◎◆インターネット時代の食（2009〜2011年）

次の食は２００９〜２０１１年に起こりました。前回の国際キャンペーンに参加したステンセルらの呼びかけにより、今回もキャンペーンが実施されました。

この食は、天体観測にＣＣＤが利用されてから初めて起きたものでした。ＣＣＤとは、電荷結合素子を意味する英語のイデオムです。光を電子に変換して2次元画像が得られます。みなさんがお持ちのデジカメにも使われています。天文学者がＣＣＤといったら、天体撮影用の特殊なデジカメだと思ってください。この発明によって、天文学は飛躍的に進展しました。アマチュアを含め各国で、ＣＣＤ測光が行われました（図10－9）。

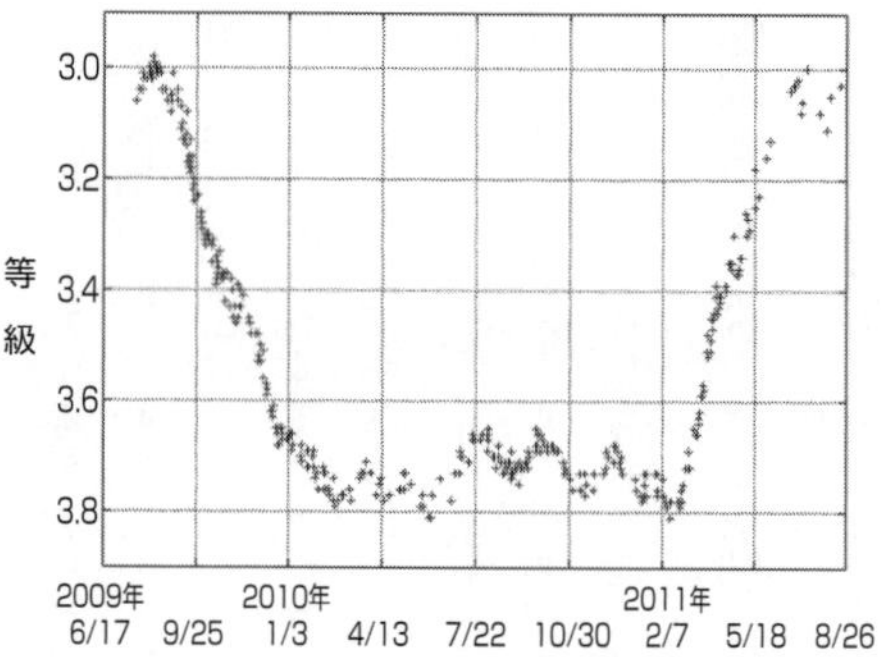

図10－9　2009～2011年の食の光度曲線
(Stencel, R. E. et al. 2011 ApJ 142, 174)

また、インターネット時代になって初めての食でもありました。前回の観測キャンペーンでは参加者にニュースレターが郵送されたものですが、このときはイプシロン星twitterが開設されて、フォローすれば一般の方も自由に情報を読むことができました。

しかし、なんといっても２００９～２０１１年の食観測の最大の特徴は、干渉計により円盤の姿が撮像できたということにつきます。

◆快挙！　円盤の姿を直接撮像！

「ついにこんな時代がきたのか――」

そのイメージを見て、私はしばらく感慨にふけりました。

望遠鏡の空間分解能は、原理的には口径に比例して高まります。しかし、ある程度の大きさになると、それ以上に大きな望遠鏡をつくるのはとても難しくなります。そこで、2台の望遠鏡をたとえばXm離して、同じ星に向けます。それぞれから届いた光をうまく処理すると、それは口径Xmの望遠鏡と同じ分解能になります。実際のXm望遠鏡で観察するよりは暗い像しか得られませんが、2台の望遠鏡を並べた方向の分解能は、Xm望遠鏡と同じになるのです。

ただし、2台の望遠鏡で得られるのは、その星が天球上の一つの方向にどれくらいの明るさで広がっているかという情報だけです。そこで、3台の望遠鏡で同じようにやってみると、三つの方向について明るさの情報が得られます。4台なら情報の数は六つです。配列にもよりますが、望遠鏡をN台配置すると、得られる情報数は$N(N-1)/2$個となります。

こうやって望遠鏡を何台も何台も並べると、やっとみなさんがふだん目にするような天体写真らしい画像が撮影できるようになるのです。

それには結局、望遠鏡がたくさん必要となってしまいますが、適切な配列になるよう望遠鏡を

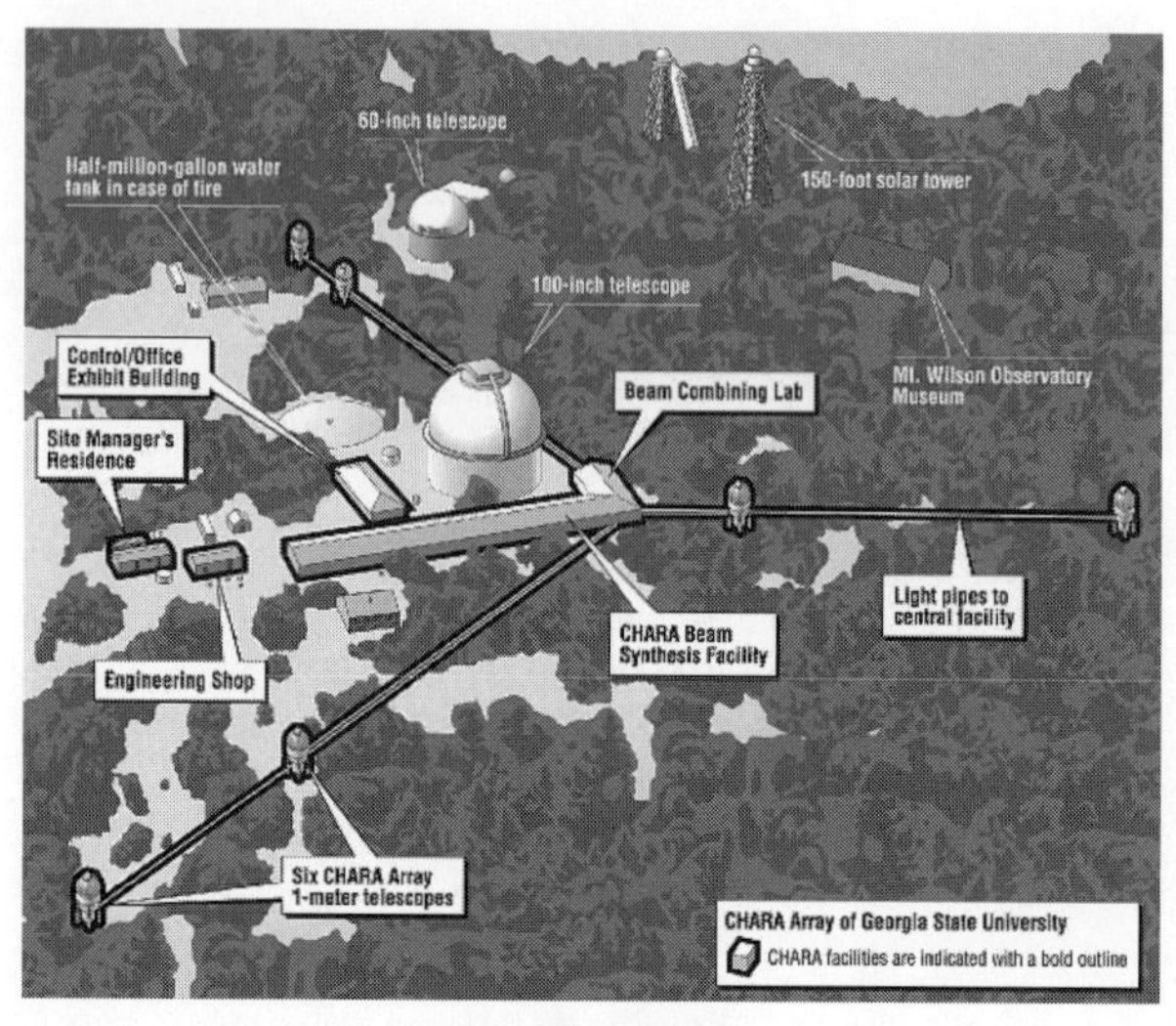

図10－10　CHARA

適宜動かしたり、地球の自転を利用したりして、そこはうまく補います。これが**干渉計**とよばれる観測装置のしくみです。いまの例にあるXmのことを**基線長**といいます。

ウィルソン山天文台には、世界最長の基線長330mを誇る光学・赤外線干渉計**CHARA**（The Center for High Angular Resolution Astronomy：図10－10）があります（「チャラ」と読みますが、日本のミュージシャンとはちがいますよ）。その空間分解能は、なんと0・0005秒角。これは、8000km先においたコインがわかる、あるいは月にいる人がわかるという、私に言わせれば信じられない空間分解能です。決してちゃらんぽらんな望遠鏡ではありません。これによって得られた、アルゴルやこと座ベータ星が公転して食を起こす様子の動画に胸を躍らされた話は前にもしましたよね。

２００９年にはじまる食にそなえて、ステンセルと彼の学生を含むチームはＣＨＡＲＡとほかの二つの干渉計を、赤外線モードでイプシロン星に向けていました。観測は１９９７年10月にすでに始まっていました。食が起こる前は、超巨星のＦ星だけの画像になるのですが、興味ある結果が得られました。Ｆ星の周辺が暗くなっていたのです。つまり、Ｆ星の周辺減光の様子が写ったのです。

そして、２００９年の夏——待ち構えていた食が訪れました。三つの干渉計での観測は、食をはさみ２０１１年11月までの14年にわたり、計１０６夜も実施されました。そしてついに、食の全過程をとらえた画像が撮影されたのです。

それは、まさに圧巻でした。そこには、Ｆ星を通過する円盤が写っていたのです（図10－11）。かつて科学者が想像したように、Ｆ星の手前を通過していたのはたしかに、細長い円盤でした。コパールやファンが生きていればなあ。彼らに見せたかった！

ところで食連星の場合、測光観測や分光観測だけでは決してわからないことがあります。食のときに、隠すほうの星はどちらの方向からやってくるか、です。ところがＣＨＡＲＡなどの画像では、これも手にとるようにわかるのです。その意味でも食連星研究者にとってこれは、夢のよ

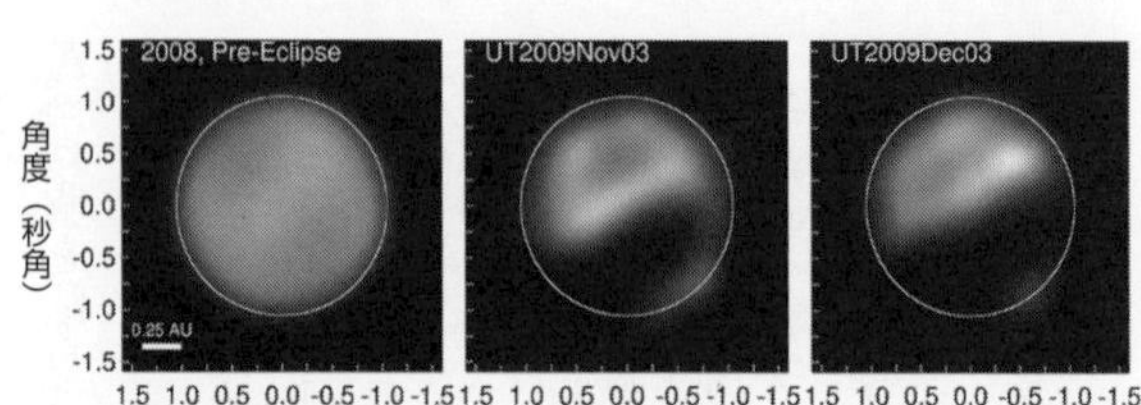

図10－11　F星の手前を通過していく円盤の様子。CHARAによる画像（上が北）
（John D. Monnier, University of Michigan）

うな観測だったのです。

図10－11でわかるように、円盤はF星のおよそ南東方向から侵入して、南半球を横切り、ほぼ北西方向へ出ていったことが判明しました。さらにいうと、中央の画像ではF星の表面の約5割を隠しましたが、南極あたりまでは隠していませんでした。これは、じつにラッキーなことでした。円盤の厚みがわかり、見かけの大きさが計算できるからです。

●◎◆これがイプシロン星の姿だ！

赤外干渉計、多波長での測光・分光観測、コンピュータ・シミュレーションなど、現代天文学を総動員して明らかにしたイプシロン星の姿とは、どのようなものでしょうか？　研究者によってモデルが多少異なりますが、ここでは、ステンセルのチームが2015年現在、思い描いているイメージを紹介します。カラーページのFile7をご覧ください！　また、最新のさまざまな物理量は表10－1です。

ただ、残念なことにイプシロン星はずいぶん遠いので、地球からの距離が現在でも未確定です。そのため、サイズや質量も正確にはわかっていません。本書では割愛しましたが、じつは質量をめぐっても1982〜1984年の食以降、大論争があるのです。それでも、いくつかのデータにもとづき、地球からの距離は2400〜3100光年の間であろうと考えられます。そこで表10－1では2400光年と3100光年の2通りの場合について、諸量を載せました。

距離（光年）	2400	3100
F星の質量（太陽=1）	5.77	15.89
円盤中心星の質量（太陽=1）	7.69	12.71
F星の半径（太陽=1）	180	240
F星から円盤中心までの距離（天文単位）	21.47	27.60
円盤の外径（天文単位）	5.80	7.45
円盤の内径（天文単位）	1.34	3.34
円盤の厚さ（天文単位）	0.55	0.71
（以下は距離によらない）		
F星の表面温度（K）	7750	
F星に向いた側の円盤の温度（K）	1150	
F星と反対方向の円盤の温度（K）	550	

表10－1　イプシロンのモデル（2015年現在）
Pearson,R.lll&Stencel,R.E.2015　ApJ　798,11他

F星は、スペクトル型F0Ⅰ（超巨星）です。そして謎の見えない星だったⅠ星は、星ではなく、ダストを含むガスの厚い円盤でした。ダスト1に対してガスが100の割合のようです。厚い円盤といっても、地球方向から見ると決して、ファンが考えたように定規で引いたようなきれいな長方形ではありません。非対称で複雑で、たとえるならば黒く細長い雲のようなものです。円盤だけで惑星級の質量を持っていますが、その構成物質はF星から供給され

たものなのか、そもそも中心星を周回していたものなのか、両方の可能性があるのか、ここは今後のさらなる研究に期待しましょう。

なお、円盤の中心にあるのは、その前の食から提唱されたような連星系ではなくて、単独のB（またはO）型星です。もちろんブラックホールではありません。

◎◆ミステリーはまだ終わらない

こうして前世紀の初めから続いていたイプシロン星のミステリーは、おおむね解明されました。1962年にシュトルーベらは、著書『20世紀の天文学』の中で「ぎょしゃ座イプシロン星の研究の過程は、20世紀初頭以来の天体物理学の歴史である」と記載していますが、その後も天文学者たちの挑戦が続いたのです。いま振り返ってみますと、1950年代にダストリングを提唱したコパールは、さすが先見の明があったと言ってよいでしょう。また、これは偶然なのですが、円盤のなかにはアックが予想したB型星が存在していたことも、おもしろい事実です。

イプシロン星の食観測の歴史は、天文観測技術の進展の歴史であると同時に、天体物理学理論の進展の歴史でもあります。提唱されてきたさまざまなモデルは、当時の最新理論を採り入れたものでした。

しかし、イプシロン星はいまなお、距離や質量など物理諸量が確定されていません。これらのくわしい値が決まらないと、ＨＲ図上での位置（進化位相）、円盤物質の起源などが不明のままです。この星にはまだ多くの課題が残っていて、さらなる観測・研究が望まれているのです。

次の食は２０３６年に始まります。そのとき人類は、いったいどんな方法でこの星の観測に挑むのでしょうか？　極上のミステリーは、まだエンディングを迎えてはいないのです！

あとがき

こんな星、あんな星、へんな星10選。いかがだったでしょうか？

宇宙には、ほかにもおもしろい星が、まだまだたくさんあります。どれもこれもみなさんに知っていただきたいものばかりなのですが、多数の恒星研究者たちの意見も参考にして、最終的に10個の星に厳選しました。なお、中性子星、ブラックホールなどを含む近接連星系などについては、ほかに良書が多数ありますので、選考外としました。

夜空を見上げると、恒星は「点」にすぎません。望遠鏡で覗いてみても、やっぱり点です。月のようなクレーターも山も谷も、火星のような極の氷も、土星のようなリングも見えません。でも、一つ一つに個性があって、一つ一つに謎があります。

星は本質的には、単純なガスのかたまりです。しかし、長い時間をかけて、ゆっくり変化していきます。その過程を見ていくのは本当におもしろく、紙数の関係でいくつものエピソードを割愛しなければならなかったのが心残りです。とくに連星系になると、話は急に膨らんできます。読者もおそらく気づかれていると思いますが、本書に登場する星も、ほとんどが連星系です。

連星系は二つの星ですが、1＋1＝2では決してないのです。お互いにちょっかいを出すことで、楽しさは1＋1＝3にも4にも、それ以上にもなります。おかしな形状になったり、磁場活動が活発になって大爆発を起こしたり、固定概念では説明できないことが次々に観測されて研究者を悩ませたりします。また、二つの星が衝突して、その星にまつわる謎の解明につながることもあります。

連星系は、夜空の星のかなりの割合をしめています。どの程度かはずっと議論が続いているのですが、ざっと半数が単独の星、残り半数が連星系と思ってください（連星系のほうが多いかも）。ここでいう連星系とはカップルだけではなく、三重連星系もかなりの割合で存在します。さらには、四重、五重……とあり、いまのところ知られている最も複雑なものは七重連星系です。こういった多重連星系も本書で取り上げるべきかどうか最後まで悩んで、泣く泣くボツにしました。

昔から多くの人が、こうした星の不思議さに魅せられてきました。たとえばいままでは、星の内部の様子も方程式で示すことができますが、これは科学のすばらしい業績の一つであり、そこには先人たちの、長きにわたる敬意を払うべき努力がありました。

さらに、近年の天文学が可視光線以外の波長での観測で急成長したのは、電波望遠鏡、人工衛星、コンピュータなどの技術があったからこそです。とくに最近では光学干渉計の出現と技術進展により、点にしか見えなかった恒星の大きさや形状、様子が次々と撮影されるようになりました、それ以前にハッブル宇宙望遠鏡の存在がなければ、本書の内容もずいぶんと霞がかかったようなものになっていたと思います。

　そのとき、そのときの最新テクノロジーを活用して宇宙の謎解きに挑戦する、天文学者のチャレンジ精神。これも私が、みなさんに聞いてほしかったことです。少しでも、私の思いが伝わったのなら幸いです。では本書を閉じられたら、さっそく家の外に出てみてください。そして、ぜひとも星空を見上げてください。

　なお、本書に書いた星に関する情報や数値は、できるかぎり最新かつ、信頼できそうな論文やその分野の専門家の意見を参考にするように努力しましたが、天文学はどんどん進んでいますし、研究者によって考え方も、研究の手法やモデルも違いますので、みなさんが別の考えや数値などを目にされることもあるかもしれません。そしてなにしろ、星は想像を絶する遠方にありますので、詳細が不明な点も多々あります。これらの点はご了承ください。

　本書完成にあたってとくに感謝しなければならない方が二人います。元同僚で現在なよろ市立天文台の内藤博之さんは超新星爆発のメカニズムなどについて、また同僚の圓谷文明さんは干渉計の原理について、いくつもの質問に親切に応じてくれました。

　また、以下の方々のご協力がありました。みなさま、ありがとうございました。

　梅本智文さん、大島誠人さん、片平順一さん、加藤賢一さん、川端弘治さん、川畑周作さん、久保田裕さん、西村昌能さん、坂元誠さん、田中培生さん、永井和男さん、丹羽隆裕さん、橋本修さん、平田龍幸さん、前原裕之さん、三浦則明さん、山岡均さん。
The author would like to express her thanks to Jill Tarter at SETI Institute for useful comments.
また、本書中の二つのエピソードは、天文教育普及研究会のメーリングリスト上で複数の方からいただいた情報をもとにしています。

宮本正太郎さんがお書きになった『惑星と生命』という昭和50年に刊行されたブルーバックスがあります。宇宙好きの私に、叔母が買ってくれました。小学生の頃です。これが、私とブルーバックスとの出会いでした。それ以降、とくに天文書を中心にブルーバックスを愛読してきました。そのシリーズから著書を出版できるとは、まるで夢のような話です。このチャンスを与えてくれた編集相棒の中村俊宏さんと、講談社の山岸浩史さんにはとくに感謝しています。
本書を、我が師中村泰久先生と、その師である故北村正利先生、そしてその師であるズデネク・コパールに捧げます。

2016年5月、佐用町にて。乙女のダイヤを眺めつつ

鳴沢真也

ミラ型変光星 82
ミルズ天文台 208
脈動変光星 66
明月記 144
（ステファン・）モフナツキ 216

【や行】

や（矢）座FG星 109
ヤーキス天文台 227
山岡均 153
山崎篤磨 202
やまねこ座のUCG 4904 153
横波 36

【ら行】

（ジョルジュ・）ライエ 158
（デビッド・）ライト 58
ライトエコー 119, 129
（ヘンリー・ノリス・）ラッセル 78
ランタノイド 53
リチウム 111
りゅうこつ座 136
りゅうこつ座イータ星 136
（ハンス・）ルーデンドルフ 226
レアアース 53
レグルス 33
連星系 39
連星ブラックホール 206
連続スペクトル 26
ロングガンマ線バースト 168

【わ行】

矮星 77
惑星 12
惑星状星雲 103
惑星シンクロトロン電波望遠鏡 189

【アルファベット・数字】

A型特異星 59
AGB星 79
Ap星 59
B型星中心説 238
Be星 31
CCD 190, 246
CHARA 199, 248
CME 178
F星 233
Hアルファ 28
Hガンマ 28
Hデルタ 28
Hベータ 28
HD 101065 53
HD 141352 94
HD 197433 208
HR図 78
I星 233
IKAROS 62
IRAS 244
IUE 184
LBV 139
LRNe光子 128
M8（干潟星雲） 157
M20（三裂星雲） 157
M45 22
OCB 203
roAp 68
ROSAT 184
SETI 56
TYC 2505－672－1 227
VERA 189
VLA 182
WC型 160
WN型 160
WO型 160
WR星 158
WR 104 156
WR 112 163
X線 25
Ⅰ型 166
Ⅰa型 149, 166
Ⅰb型 166
Ⅰc型 166
Ⅱ型 166

さくいん

【あ行】
赤い新星 128
アジアーゴ天文台 124
アジアーゴの星 127
あすか 185
（マルゲリータ・）アック 238
天の川銀河 13
荒川静香 38
アル・マーズ 223
アルキメデスの螺旋 162
アルゴル 199
アレシボ電波望遠鏡 111
暗線 50
アンタレス 32
イータカリーナ星雲 136
飯塚亮 189
イオン 64
いっかくじゅう座 114
いっかくじゅう座V838 115
いっかくじゅう座V838型星 128
イットリウム 53
いて座 157
イナバウアー 38
イプシロン星 222
色 25
ウィルソン山天文台 208, 248
（ウィリアム・）ウォラストン 50
（シャルル・）ウォルフ 158
ウォルフ・ライエ星（WR星） 124, 158
梅本智文 191
ウラノメトリア 72
（アーサー・）エディントン 141
エディントンの限界光度 139
円盤 32
おうし座 22
おうし座－ぎょしゃ座星形成領域 181
おうし座T型星 179
おうし座V773星 180
おおぐま座W型連星系 203
岡崎彰 202
岡山天体物理観測所 34
（ダニエル・ジョゼフ・ケリー・）オコンネル 210
オコンネル効果 210
オリオン座 22
オリオン大星雲 136

【か行】
皆既食 226, 228
皆既日食 177
（ジェラルド・ピーター・）カイパー 232
外部臨界ロッシュ・ローブ 205
核廃棄物 58
核爆発型 149
核融合反応 104
カシオペヤ 32
可視光 25
過剰接触連星系 203
ガス圧 62
ガス円盤 32
片平順一 39
荷電粒子 87
かに星雲 145
（オースチン・F・）ガリバー 34
ガリバー円盤 34
ガンマ線 25
ガンマ線バースト 167
かんむり座 92
かんむり座R型変光星 100
かんむり座R星 92
輝巨星 77
疑似的超新星（爆発） 150
輝線 28
輝線星 28
基線長 248
北村正利 201
キットピーク国立天文台 114
軌道傾斜角 200
希土類 53
（アラステア・G・W・）キャメロン 241
吸収線 26

共通重心 39
極大 209
極超新星 169
ぎょしゃ座 222
巨星 77
寄与物質 129
(グスタフ・) キルヒホッフ 50
銀河 13
金環食 228
近星点 48, 187
近接連星系 199
金属 52
(キング・) クエー 210
くじら座 70
くじら座VZ星 84
グラファイト 98
(ジェフリー・) クレイトン 99
ケック望遠鏡 I 157
ケフェウス座 208
ケフェウス座VW星 206
ケプラー回転 45
ケプラーの第 3 法則 45
原子 27
原始星 101
原始惑星系円盤 239
元素 51
元素大陸 65
ケンタウルス座 54
ゲンマ 92
コア 105
コアバウンス 147
光学干渉計 32
高輝度青色変光星 139
高輝度赤色新星 128
光子 25
恒星 12
高速脈動A型特異星 68
降着円盤 85
光電測光 228
光度階級 76
光度曲線 75
こぎつね座CK星 109
国際紫外線衛星（IUE） 184
国際天文学連合回報（IAUC） 114
黒点 175
国立天文台堂平観測所 34
国立天文台野辺山宇宙電波観測所 189
ゴッホ 133
(ズデネク・) コパール 201, 236
コパールのダスト円盤説 240
コロナ 87, 177
コロナ質量放出（CME） 178
(オーギュスト・) コント 50

【さ行】

歳差運動 38
最終ヘリウム殻フラッシュ説 108
再生AGB星 109
彩層 176
櫻井天体（いて座V4334星） 109
さそり座デルタ星 32
さそり座V1309星 206
定金晃三 45
撮像 26
サブクラス 30
ザル 183
散開星団 22
三重連星系 47
酸素18 111
(S・V・) ジェファーズ 99
シェル 110
紫外線 25
磁気リコネクション 177
実視連星系 198
質量保存法則 104
磁場 64, 175
磁場凍結 64
修正B型星中心説 243
周辺減光 229
重力収縮 106
重力崩壊型 149
主系列 79
主系列星 77
主星 39
(オットー・) シュトルーベ 232
(ジュリアス・) シュミット 224
準巨星 77
ショートガンマ線バースト 168
食 161

食連星 97, 199
シリウス 75
磁力線 175
(ジャン・) シルト 208
進化 77
新星 (ノバ) 115
スーパーノバ 147
彗星 87
水素 27, 52
水素爆弾 104
スカンジウム 53
すざく 189
(ロバート・) ステンセル 244
(ベングト・) ストレームグレン 232
すばる 22
すばる望遠鏡 46
スペクトル 26
墨 98
スローノバ 118
ゼーマン効果 66
星風 63
生命大量絶滅 171
赤外線 25
石墨 98
星雲 101
接触連星系 203
漸近巨星分枝星 79
前主系列星 101
早期型 30
双極流 87
相対性理論 104
測光 26

【た行】

大気 27
太陽 13, 174
太陽基準表面 121
太陽質量 31
太陽半径 31
太陽風 87
太陽フレア 182
対流 60
竹内峯 82
ダスト 83
ダスト散乱説 234
ダストリング説 236
田中謙一 47
多波長同時観測 190
ダブルピーク 43
炭素星 97
地球外知的生命 56
中性子星 147
超大型干渉電波望遠鏡 (VLA) 182
超新星 144
超新星爆発 147
超新星2006 jc 153
超巨星 77
坪井陽子 185
(ロムアルト・) ティレンダ 125
(レイモンド・スミス・) デュガン 209
電荷結合素子 (CCD) 190
電子散乱説 (ヤーキスモデル) 232
電磁波 24
天体観測 26
電波 25
天プラ 11
同期回転 213
等級 32, 74
等強度線図 153
動径振動 67
(ピーター・) トゥシル 156
ドップラー効果 44
特異星 52
トランプラー16 136
(フランク・) ドレイク 56

【な行】

内藤博之 128
中村泰久 202
なゆた 11, 40
なゆた円盤 42
西はりま天文台 11
二重・傾斜円盤 42
人形星雲 151
ネオジム 58

【は行】

バーナード209 181

(ルイス・) バーマン 96
(ヨハン・) バイエル 72
ハイパーノバ 169
白色矮星 80
白色矮星合体説 110
はくちょう座P星 150
はくちょう座V1500星 117
はくちょう座X－1 242
波長 25
ハッブル宇宙望遠鏡 85
林忠四郎 239
(エドモンド・) ハレー 136
晩期型 30
伴星 39
光 25
光分解 148
(エドワード・) ピゴット 95
美星天文台 41
(エドワード・) ピッカリング 29
ヒッパルコス 74
非動径振動 67
(レーンデルト・) ビネンダイク 210
表面温度 29
平田龍幸 34
(ダーヴィト・) ファブリツィウス 72
(スー・シュー・) ファン 239
ファンのダスト円盤説 239
風車星雲 163
(アントニー・) プシビルスキ 53
プシビルスキ星 52
藤原定家 144
部分食 228
冬の大三角 114
(ヨゼフ・フォン・) フラウンホーファー 50
フラウンホーファー線 50
プラズマ 174
プラセオジム 58
ブラックホール 149
ブラックホール説 241
(ヨハン・) フリッチ 224
古畑正秋 238
フレア 177
プレアデス星団 22
プレオネ 22
プロキオン 114
プロトタイプ 82
プロミネンス 176
分光観測 26
(ローベルト・) ブンゼン 51
ベテルギウス 114
(ヨハネス・) ヘヴェリウス 73
ヘリウム 52
ヘリウム殻フラッシュ 108
(アイナー・) ヘルツシュプリング 78
ヘルツシュプリング・ラッセル図 78
偏光 36
偏光観測 26
変光星 66
(アーン・) ヘンデン 131
(ポール・) ヘンドリー 215
(ヨハン・) ボーデ 224
(ダニエル・) ホイットマイヤー 58
放射 60
放射圧 62
ボウショック 89
北斗七星 74
星月夜 133
ポストAGB 96
ポツダム天文台 225
ホムンクルス星雲 151
ホルミウム 56
(ヨハネス・フォキリデス・) ホルワルダ 73
(ハワード・) ボンド 132

【ま行】

(クリストファー・) マーティン 87
マックス・プランク電波天文学研究所 187
(マリア・) マッシ 187
マヤ文明 171
(ジョージ・) ミショー 64
ミラ 70

N.D.C.443　262p　18cm

ブルーバックス　B-1971

へんな星（ほし）たち
天体物理学が挑んだ10の恒星

2016年 6 月20日　第1刷発行
2016年10月19日　第2刷発行

著者　鳴沢真也（なるさわしんや）
発行者　鈴木 哲
発行所　株式会社講談社
〒112-8001　東京都文京区音羽2-12-21
電話　出版　03-5395-3524
販売　03-5395-4415
業務　03-5395-3615
印刷所　（本文印刷）慶昌堂印刷株式会社
（カバー表紙印刷）信毎書籍印刷株式会社
製本所　株式会社国宝社

ISBN978－4－06－257971－1

発刊のことば

科学をあなたのポケットに

二十世紀最大の特色は、それが科学時代であるということです。科学は日に日に進歩を続け、止まるところを知りません。ひと昔前の夢物語もどんどん現実化しており、今やわれわれの生活のすべてが、科学によってゆり動かされているといっても過言ではないでしょう。

そのような背景を考えれば、学者や学生はもちろん、産業人も、セールスマンも、ジャーナリストも、家庭の主婦も、みんなが科学を知らなければ、時代の流れに逆らうことになるでしょう。

ブルーバックス発刊の意義と必然性はそこにあります。このシリーズは、読む人に科学的に物を考える習慣と、科学的に物を見る目を養っていただくことを最大の目標にしています。そのためには、単に原理や法則の解説に終始するのではなくて、政治や経済など、社会科学や人文科学にも関連させて、広い視野から問題を追究していきます。科学はむずかしいという先入観を改める表現と構成、それも類書にないブルーバックスの特色であると信じます。

一九六三年九月　　野間省一